Python

开发技术标准教程

谢书良 编著

清华大学出版社

北 京

内 容 简 介

本书是资深高校教师多年开发与教学经验的结晶。它深入浅出地讲解 Python 语言的基础知识及实践，帮助读者快速掌握 Python 语言编程能力。

本书的内容共分"基础篇"和"应用篇"两篇。基础篇（第 1~10 章）包括程序设计的基本概念，变量与基本数据类型，程序控制结构，序列，列表，元组，字典与集合，函数，文件和异常处理，类和对象以及类的继承和多态等；应用篇（第 11~14 章）包括海龟绘图，图形界面，数据库编程，学生成绩管理系统的设计等。本书提供了多个完整的范例，供读者模仿、应用。本书将知识和应用紧密结合，既能够解决零基础读者的学习问题，也能够为其后续深造奠定基础。

本书还为授课教师提供精心设计的配套电子课件、实例源代码、自我检测题及参考答案。

本书内容安排合理，架构清晰，注重理论与实践相结合，适合作为零基础学习 Python 语言开发的初学者的教程，也可作为本科院校及大专院校的教材，还可供职业技术学校和各类培训机构使用。

图书在版编目（CIP）数据

Python 开发技术标准教程 / 谢书良编著 . —北京：清华大学出版社，2021.7
（清华电脑学堂）
ISBN 978-7-302-58406-3

Ⅰ . ① P… Ⅱ . ①谢… Ⅲ . ①软件工具－程序设计－教材 Ⅳ . ① TP311.561

中国版本图书馆 CIP 数据核字 (2021) 第 115868 号

责任编辑：秦 健
封面设计：杨玉兰
版式设计：方加青
责任校对：胡伟民
责任印制：沈 露

出版发行：清华大学出版社
　　　　　网　　址：http://www.tup.com.cn，http://www.wqbook.com
　　　　　地　　址：北京清华大学学研大厦 A 座　　　　　邮　　编：100084
　　　　　社 总 机：010-62770175　　　　　　　　　　　邮　　购：010-83470235
　　　　　投稿与读者服务：010-62776969，c-service@tup.tsinghua.edu.cn
　　　　　质 量 反 馈：010-62772015，zhiliang@tup.tsinghua.edu.cn
印 装 者：三河市天利华印刷装订有限公司
经　　销：全国新华书店
开　　本：185mm×260mm　　印　　张：15.25　　字　　数：375 千字
版　　次：2021 年 9 月第 1 版　　印　　次：2021 年 9 月第 1 次印刷
定　　价：59.00 元

产品编号：084563-01

前 言

当前正处于信息技术高度发展的时期，IT 技术发展迅猛，日新月异。在计算机应用日益广泛的形势下，软件的概念和程序设计的应用知识已逐渐成为人们渴求的新目标。如果说数学是"培养抽象思维的工具"，物理学是"培养逻辑思维的工具"，那么程序设计则是"培养计算思维的工具"。有人预言，到 2050 年"计算思维"将成为全人类的主要思维方式，"计算思维"的精髓是"程序思维"，鉴于此，说"人人都应学习、懂得一点编程"并不为过，对于理工类乃至于文史类的高校学生来说，学一点程序设计基础和应用知识十分有必要。

程序设计语言很多，本书之所以选择 Python 语言作为零起点的程序设计入门语言，这是因为：Python 语言是国际公认的一种跨平台、开源、免费的解释型的完全面向对象的高级编程语言。因为它能够把用其他语言制作的各种模块很轻松地连接在一起，所以 Python 常被称为"胶水语言"。在某权威机构发布的编程语言排行榜中，Python 的排名稳居第 1 名，应用范围十分广泛。Python 更凭借其强大的操作能力、优雅的语法风格、创新的语言特性，必将成为教学程序设计语言入门课程的首选和优选。入门级的图书应体现零起点、易学、好用，问题在于现在真正适合作为入门使用的此类图书十分稀缺。

编写本书就是基于这一初衷，能为学习程序设计课程的起始年级且只安排一个学期教学程序设计课程的有关本、专科专业学生提供一本真正零起点的入门图书，为期望从零开始能顺利学习程序设计理论且能较快掌握程序设计技能的广大读者提供一本简单通俗、乐学易用的程序设计入门书。

本书内容分"基础篇"和"应用篇"，共 14 章。"基础篇"中，第 1 章介绍程序设计的基本概念；第 2 章介绍变量与基本数据类型；第 3 章阐释程序控制结构；第 4 章说明序列；第 5 章介绍列表；第 6 章说明元组、字典与集合；第 7 章介绍函数；第 8 章说明文件和异常处理；第 9 章阐释类和对象；第 10 章介绍类的继承和多态。"应用篇"中，第 11 章介绍海龟绘图；第 12 章说明图形界面；第 13 章介绍数据库编程；第 14 章介绍学生成绩管理系统的设计。

"多思考，勤上机"是学好程序设计语言的重要条件，学习编程要细心、耐心并要有恒心，只有有志气、有毅力的人，才能品尝到编程带来的愉悦。

本书的编写是顺应程序设计语言发展历史潮流的一个新的尝试，肯定会存在许多不足之处，诚盼不吝指正，使其不断完善。

谢书良

2021 年 7 月

目　录

基础篇

第 1 章

程序设计的基本概念

1.1 程序

本书从如何计算两个数的平均值这样一个简单的问题讲起。

如果这两个数是 3 和 5，你几乎可以不假思索地说出它们的平均值是 4。

如果这两个数是 23763965432 和 8456234445446456，它们的平均值是多少？那只能由计算机去完成。

不管怎么计算，人和计算机的计算步骤都是：

（1）要计算的是哪两个数？

（2）先求出两个数之和。

（3）再将此和除以 2。

（4）最后报告计算结果。

其实计算机自身并不会计算，必须由人来教会它。那么人们应该做什么呢？就一般的问题来说，人们要做的事应该是：针对要完成的任务，编排出正确的方法和步骤，并且用计算机能够接受的形式，把方法和步骤告诉计算机，指挥计算机完成任务。

解决问题的方法和步骤以计算机能够理解的语言表达出来，就称为"程序"。程序是要计算机完成某项工作的代名词，是对计算机工作规则的描述。

计算机软件是指挥计算机硬件的，没有软件，计算机什么事也做不了，而软件都是由各种程序构成的，程序是软件的灵魂。

1.2 程序设计

人们利用计算机解决实际问题，首先按照人们的意愿，借助计算机语言，将解决问题的方法、公式、步骤等编写成程序，然后将程序输入计算机中，由计算机执行程序，完成特定的任务。设计和编写程序的整个过程就是程序设计。简言之，为完成一项工作的规则的过程设计称为程序设计，从根本上说，程序设计是人的智力克服客观问题的复杂性的过程。

程序设计是根据给出的具体任务，编制一个能正确完成该任务的计算机程序。计算机程序是有序指令的集合，或者说是能被计算机执行的具有一定结构的语句的集合。

图 1-1 是一个简化了的台式计算机工作过程示意图。计算机的实际工作过程当然比这复杂得多，但它还是完整地体现了其基本工作原理，尤其体现"软件指挥硬件"这一根本思想。在整个过程中，如果没有软件，计算机什么也干不了，可见软件多么重要。如果软件编得好，计算机就能运行得快而且结果正确；如果软件编得不好，则可能需要运行很久才出结果，而且结果未必正确。程序是软件的灵魂，CPU、显示器等硬件必须由软件指挥，否则它们只是一堆没有灵性的工程塑料与金属的混合物。在这里就是要教会读者怎样用编程语言又快又好地编写程序（软件）。

图 1-1 计算机工作过程示意图

计算机能够直接读懂的语言是机器语言，也叫作机器代码，简称机器码。这是一种纯粹的二进制语言，用二进制代码来代表不同的指令。

下面这段程序是用我们通常使用的采用 x86 架构的计算机的机器语言编写的，功能是计算 1+1。

```
10111000
00000001
00000000
00000101
00000001
00000000
```

这段程序看起来像"天书"，在用按钮开关和纸带打孔的方式向计算机输入程序的时代，程序员编写的都是这样的程序。很明显，这种程序编起来费力气，而且难以读懂。从那时起，让计算机能够直接懂得人类的语言就成了计算机科学家们梦寐以求的目标。

有人想出了这样的办法，编写可以把人类的语言翻译成计算机语言的程序，这样计算机就能读懂人类语言了。这说起来容易，做起来难。就拿计算 1+1 来说，人们可以用"1+1等于几""算一下 1+1 的结果""1+1 得多少"等多种说法，再加上使用英语、法语、日语、韩语、俄语等来描述。如果想把这些都自动转换成上面的机器码，是可望不可及的事。所以，人们退后一步，打算设计一种中间语言，它还是一种程序设计语言，但比较容易翻译成机器代码，且容易被人学会和读懂，于是诞生了"汇编语言"。

用汇编语言计算 1+1 的程序如下所示：

```
MOV   AX , 1
ADD   AX , 1
```

这段程序的功能是什么呢？从程序中 ADD 和 1 的字样，我们能猜个大概。没错，它还是计算 1+1 的。这个程序经过编译器（编译器也是程序，它能把 CPU 不能识别的语言翻译成 CPU 能直接识别的机器语言）编译，就会自动生成前面的程序。这已经是很大的进步了，但并不理想。这里面的 MOV 是什么含义？它是 Move 的缩写。这里的 AX 又代表什么？这是一个纯粹的计算机概念。从这段程序，我们能看出汇编语言虽然已经开始贴近人类的语言，但还全然不像所期望的那样，里面还有很多计算机固有的东西必须学习。它与机器语言的距离很近。当你有机会学习、使用汇编语言时，你将学到更多有关计算机内部的知识。

因为程序设计语言无限地接近自然语言，所以它注定要不停地发展。此时出现了一道分水岭，人们把机器语言和汇编语言称为低级语言，把以后发展起来的语言称为高级语言。低级语言并不比高级语言"低级"，而是说它与计算机（硬件）的距离较近，因而级别比较低。高级语言高级到什么程度呢？首先介绍一种很著名的编程语言——BASIC，看它是怎样完成 1+1 计算的。

用 BASIC 语言计算并显示 1+1 的内容如下：

```
print 1＋1；
```

英文 print 的中文意思是打印输出。比起前两个例子，它确实简单了不少，而且功能很强。前两个例子的计算结果只保存在计算机的"心脏"（CPU）内，并没有输出给用户。这个例子直接把计算结果显示在屏幕上，它才是真正功能完备的程序，相信你从这个例子已经体会到高级语言的魅力了吧。

那么，具体地说，程序设计是怎么一回事呢？

1.3　程序设计的前提——算法

程序设计归根结底就是编写解决问题的程序，所以程序设计简称为编程。

例如，要在屏幕上输出如下图形：

```
        *
       ***
      *****
     *******
    *********
     *******
      *****
       ***
        *
```

或者

```
    *********
     *******
      *****
       ***
        *
       ***
      *****
     *******
    *********
```

如何来编写解决这个问题的程序呢？

这两个图形表面看起来有些不同，实际上都是由如下两个简单的图形组成：

```
        *
       ***
      *****
     *******
    *********
```

和

```
    *********
     *******
      *****
       ***
        *
```

这两个图形都可以在 BASIC 语言中使用 print 命令来简单完成：

程序 1：

```
print("    *");
print("   ***");
print("  *****");
print(" *******");
print("*********");
```

程序 2：

```
print("*********");
print(" *******");
print("  *****");
print("   ***");
print("    *")
```

在 BASIC 语言编程环境中输入以上命令，的确可以在屏幕上输出如上图形。但是，这种做法显得太"笨"了，没有体现编程的魅力。从以上命令不难看出，两段程序的五行命令都是重复输出不同数目的空格（" "）和星号（*），只要用恰当的命令自动控制输出的行数及每行的空格数目和星号数目就可以了。

说起来简单，但做起来还需要花一番功夫。在确定使用什么命令之前，先要对问题做一些必要的分析，这种分析的过程就称为"算法"。

通俗地讲，"算法"就是解决问题的方法和步骤。事实上生活中每做一件事情，都要遵循一定的步骤。例如，你来到一座陌生的城市，虽然有公共汽车，但是你不知道按照怎样的路线走才能到达目的地。当别人告诉你一条路线，如先乘什么车，在什么站下车，再换乘什么车，等等。这就好比告诉了你一个解决乘车问题的"算法"，于是你可以沿着这条路线到达目的地。下次再来时，你就不会感到为难了。所以，请读者一定要重视算法的设计，多了解、掌握和积累一些计算机常用算法，不要急于编写程序，应养成编写程序前先设计好算法的习惯。

程序 1 可以借助如下表格进行分析。

0					*				
1				*	*	*			
2			*	*	*	*	*		
3		*	*	*	*	*	*	*	
4	*	*	*	*	*	*	*	*	*

从表格中可以看到：

第 1 行（行号标记为 0）先要输出四个空格和一个星号；

第 2 行（行号标记为 1）先要输出三个空格和三个星号；

第 3 行（行号标记为 2）先要输出两个空格和五个星号；

第 4 行（行号标记为 3）先要输出一个空格和七个星号；

第 5 行（行号标记为 4）只要输出九个星号。

不难看出：

每行空格数目跟行号 n 的关系是：$4-n$。

每行星号数目跟行号 n 的关系是：$2n+1$。

因此，程序设计的 N-S 流程图如下。

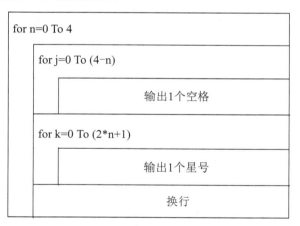

程序 2 可以借助如下表格进行分析。

0	*	*	*	*	*	*	*	*	*
1		*	*	*	*	*	*	*	
2			*	*	*	*	*		
3				*	*	*			
4					*				

从表格中可以看到：

第 1 行（行号标记为 0）只要输出九个星号；

第 2 行（行号标记为 1）先要输出一个空格和七个星号；

第 3 行（行号标记为 2）先要输出两个空格和五个星号；

第 4 行（行号标记为 3）先要输出三个空格和三个星号；

第 5 行（行号标记为 4）先要输出四个空格和一个星号。

不难看出：

每行空格数目跟行号 n 的关系是：n。

每行星号数目跟行号 n 的关系是：$9-2*n$。

因此，程序设计的 N-S 流程图如下。

for n=0 To 4
for j=0 To n
输出1个空格
for k=0 To (9-2*n)
输出1个星号
换行

1.4 程序设计的实现

画出 N-S 流程图之后，"算法"任务就完成了。根据"算法"所确定的解决问题的方法和步骤，可以使用任何一种程序设计语言来编写程序。

1. 用 BASIC 语言

程序 1：

```
for n= 0  to 4
     for j = 0  to 4- n
          print(" ");
     next j;
     for k = 0  to (2  * n+1)
          print("*");
     next k;
     print('\n');
next n;
```

程序 2：

```
for n= 0  to 4
     for j = 0  to n
```

```
                print(" ");
            next j;
            for k = 0  to 9-2*n
                print("*");
            next k;
            print('\n');
        next n;
```

2. 用 Python 语言

程序 1：

```
for n in range(5):
    print(' ' * (4-n) + '*' * (2*n+1))
```

程序 2：

```
for n in range(5):
    print(' ' * n + '*' * (9-2*n))
```

至于为什么程序是这样写的，暂时不管。比较以上两种语言可以发现，Python 语言比 BASIC 语言简单得多，更何况在这里 BASIC 还不是完整的程序，而 Python 却是完整的程序。接下来就用 Python 来编写前面提出的两个图形的程序。

先分析第一个图形。

可以看出程序 1 的图形在上，程序 2 的图形在下，由于上面图形的最下一行和下面图形的最上一行是重合的，所以对下面的图形的处理要重新分析。

描述下面图形的情况如下表格所示。

0		*	*	*	*	*	*	*
1			*	*	*	*	*	
2				*	*	*		
3					*			

从表格中可以看到：

第 1 行（行号标记为 0）先要输出一个空格和七个星号；

第 2 行（行号标记为 1）先要输出两个空格和五个星号；

第 3 行（行号标记为 2）先要输出三个空格和三个星号；

第 4 行（行号标记为 3）先要输出四个空格和一个星号。

不难看出：

每行空格数目跟行号 n 的关系是：$n+1$。

每行星号数目跟行号 n 的关系是：$7-2*n$。

因此，相应的 Python 程序如下：

```
for n in range(5):
```

```
        print(' ' * (4-n) + '*' * (2*n+1))
    for n in range(4):
        print(' ' * (n+1) + '*' * (7-2*n))
```

程序运行的初步解释如下。

首先，分五次输出。

第一次（*n*=0），先输出四个空格，再输出一个星号；

第二次（*n*=1），先输出三个空格，再输出三个星号；

第三次（*n*=2），先输出两个空格，再输出五个星号；

第四次（*n*=3），先输出一个空格，再输出七个星号；

第五次（*n*=4），直接输出九个星号。

然后，分四次输出。

第一次（*n*=0），先输出一个空格，再输出七个星号；

第二次（*n*=1），先输出两个空格，再输出五个星号；

第三次（*n*=2），先输出三个空格，再输出三个星号；

第四次（*n*=3），直接输出一个星号。

再分析第二个图形。

可以看出程序 2 的图形在上，程序 1 的图形在下，由于上面图形的最下一行和下面图形的最上一行是重合的，所以对下面的图形的处理要重新分析。

描述下面图形的情况如下表格所示。

0				*	*	*			
1			*	*	*	*	*		
2		*	*	*	*	*	*	*	
3	*	*	*	*	*	*	*	*	*

从表格中可以看到：

第 1 行（行号标记为 0）先要输出三个空格和三个星号；

第 2 行（行号标记为 1）先要输出两个空格和五个星号；

第 3 行（行号标记为 2）先要输出一个空格和七个星号。

第 4 行（行号标记为 3）直接输出九个星号。

不难看出：

每行空格数目跟行号 *n* 的关系是：3−*n*。

每行星号数目跟行号 *n* 的关系是：2*n+3。

因此，可以写出相应的 Python 程序如下：

```
for n in range(5):
    print(' ' * n + '*' * (9-2*n))
for n in range(4):
    print(' ' * (3-n) + '*' * (2*n+3))
```

程序运行的初步解释如下。

首先，分五次输出。

第一次（$n=0$），直接九个星号；

第二次（$n=1$），先输出一个空格，再输出七个星号；

第三次（$n=2$），先输出两个空格，再输出五个星号；

第四次（$n=3$），先输出三个空格，再输出三个星号；

第五次（$n=4$），先输出四个空格，再输出一个星号。

然后分四次输出。

第一次（$n=0$），先输出三个空格，再输出三个星号；

第二次（$n=1$），先输出两个空格，再输出五个星号；

第三次（$n=2$），先输出一个空格，再输出七个星号；

第四次（$n=3$），直接输出九个星号。

通过上面的分析，我们初步了解了一个实际问题的处理过程。

接下来介绍 Python 的相关知识。

1.5 Python 的下载和安装

Python 是一种跨平台、开源、免费的解释型高级编程语言，由于它能够把用其他语言制作的各种模块轻松地连接在一起，所以 Python 常被称为"胶水"语言。在近几年某权威机构发布的年度编程语言排行榜中，Python 多次位居第 1 名，应用范围十分广泛。Python 有许多版本，到 2020 年 7 月，已升级至 3.8.5。本书将选用 Python 3.8.5 编程，所以下面先介绍用于 Windows 操作系统的 Python 3.8.5 的下载方式。Python 3.8.5 有 64 位和 32 位两种，因此先要弄清楚你的 Windows 操作系统是多少位的。方法是：右击"此电脑"图标，在弹出的对话框中单击"属性"菜单项，在弹出的如图 1-2 所示的"系统"栏内可以看出这台计算机的操作系统是 64 位的。

图 1-2 计算机系统信息窗口

打开浏览器，在地址栏内输入 https://www.python.org，按 Enter 键后进入 Python 官方网站，将鼠标指针移动到 Downloads 按钮上，如图 1-3 所示。单击 Windows 菜单项，进入如图 1-4 所示的详细下载列表。

图 1-3 Python 下载窗口

Python Releases for Windows

- Latest Python 3 Release - Python 3.8.5
- Latest Python 2 Release - Python 2.7.18

Stable Releases

- Python 3.7.9 - Aug. 17, 2020
  Note that Python 3.7.9 *cannot* be used on Windows XP or earlier.

  - Download Windows help file
  - Download

图 1-4 Python 下载列表

在图 1-5 中选择箭头所指向的 64 位离线安装文件。

- Python 3.8.5 - July 20, 2020
  Note that Python 3.8.5 *cannot* be used on Windows XP or earlier.

  - Download Windows help file
  - Download Windows x86-64 embeddable zip file
  - Download Windows x86-64 executable installer
  - Download Windows x86-64 web-based installer
  - Download Windows x86 embeddable zip file
  - Download Windows x86 executable installer
  - Download Windows x86 web-based installer

图 1-5 选择 Python 安装文件

下载过程如图 1-6 所示。

图 1-6　Python 下载过程

　　下载完成后，双击文件 Python-3.8.5-amd64.exe，将弹出安装向导窗口，选中 Add Python 3.8 to PATH 复选框，让安装程序自动配制环境变量。

　　为防止操作系统崩溃造成 Python 损坏，不要将 Python 安装在操作系统的系统盘，所以选择如图 1-7 箭头所示的 Customize installation，进行自定义安装。

图 1-7　配制环境变量

　　在弹出的"安装选项"窗口中采用默认设置，如图 1-8 所示。

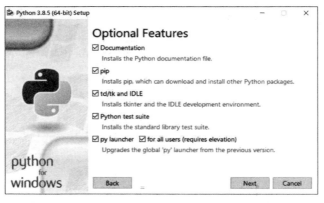

图 1-8　"安装选项"窗口

单击 Next 按钮，打开如图 1-9 所示的"高级选项"窗口，在窗口中，设置安装路径为 D:\ Python\。

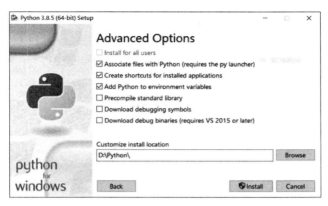

图 1-9　"高级选项" 窗口

单击 Install 按钮，安装过程如图 1-10 所示。

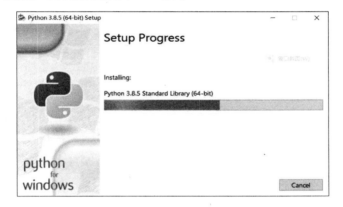

图 1-10　Python 安装过程

安装完成后，将显示如图 1-11 所示的窗口，单击 Close 按钮结束安装。

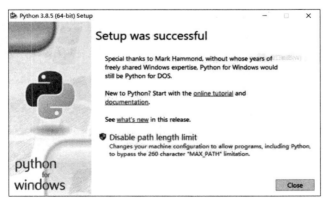

图 1-11　Python 安装结束

安装成功后，桌面会出现如图 1-12 所示的图标。

图 1-12　　Python 图标

双击 Python 图标，如果出现如图 1-13 所示的信息，表明 Python 安装成功，同时也进入交互式 Python 解释器中。

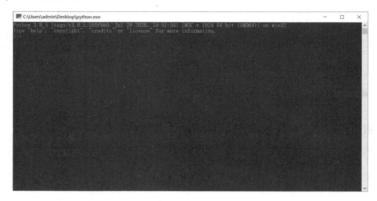

图 1-13　　交互式 Python 解释器

1.6　下载和安装 PyCharm 开发环境

针对 Python 语言的初学者，建议安装 Python 专业开发人员使用的智能代码编辑器 PyCharm。（安装 PyCharm 之前必须先安装好 Python，否则 PyCharm 无法正常使用。）

可以直接到 Jetbrains 公司官网下载 PyCharm，具体方法如下。

在浏览器的地址栏中输入 http://www.jetbrains.com，进入 Jetbrains 公司官网，如图 1-14 所示。

图 1-14　　Jetbrains 公司官网

单击"工具"菜单，在弹出的如图 1-15 所示的画面中单击"下载"按钮，在出现的如图 1-16 所示的画面中选择免费的"社区"版，再单击"下载"按钮，开始下载。

图 1-15　PyCharm 下载页面

图 1-16　PyCharm 下载类型选择

在"下载"页面中单击如图 1-17 所示的 pycharm-community-2020.2.1，开始安装，弹出如图 1-18 所示的安装界面。

| pycharm-community-2020.2.1 | 2020/9/1 8:35 | 应用程序 | 299,421 KB |

图 1-17　PyCharm 下载选项

图 1-18　进入 PyCharm 安装页面

在图 1-18 之后接着出现如图 1-19 所示的"欢迎设置"页面。单击 Next 按钮。在如图 1-20 所示的"设置"页面勾选"64-bit launcher"和".py"两项，即安装 64 位软件，文件的扩展名为 py，这样以后打开 .py 文件时会自动调用 PyCharm。

图 1-19 PyCharm 欢迎页面

图 1-20 PyCharm 安装选项

单击 Next 按钮，在如图 1-21 所示的页面中单击 Install 按钮，开始安装。

图 1-21 PyCharm 安装

安装过程如图 1-22 所示。

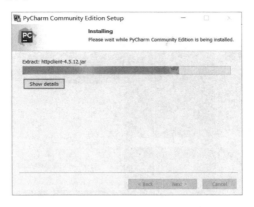

图 1-22　PyCharm 开始安装

安装完成后在如图 1-23 所示的设置页面直接单击 Finish 按钮。同时，在桌面上会出现如图 1-24 所示的 PyCharm 图标。

图 1-23　PyCharm 安装完成

图 1-24　PyCharm 图标

双击桌面上的 PyCharm 图标，在如图 1-25 所示的开发环境配置中选择默认的不导入环境配置文件，单击 OK 按钮，使用系统默认设置的开发环境即可。

图 1-25　开发环境配置

PyCharm 界面有两种显示模式：暗黑模式和明亮模式，默认使用暗黑模式（见图 1-26），本书选用明亮模式，更改的方法是选择 Light 单选按钮。修改后如图 1-27 所示。

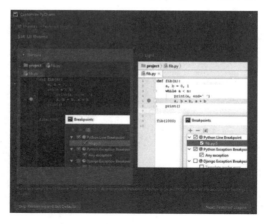

图 1-26　　PyCharm 默认界面使用暗黑模式

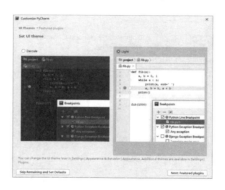

图 1-27　　PyCharm 界面明亮模式

为了方便存储 PyCharm 工程文件，需要设置工程文件的存放位置。单击图 1-27 中左下角的 Skip Remaining and Set Defaults（跳过剩余设置并按默认进行设置）按钮，在图 1-28 所示的"PyCharm 工程"对话框中单击"+ New Project"按钮创建新的工程文件。

图 1-28　　创建 PyCharm 工程界面

在 Tip of the Day（每日一点提示）窗口中单击 Close 按钮关闭提示信息。进入如图 1-29 所示的 PyCharm 开发环境。

图 1-29　PyCharm 开发环境

在图 1-30 所示的页面中将文件存放位置修改为 D:\pythonProject1 SLJ（表示实例辑）。

图 1-30　设置程序文件存放位置

【实例 1-1】输出一行文字。

单击 File 菜单，准备创建新的工程文件（如图 1-31 所示）。

图 1-31　新建工程文件

在如图 1-32 所示的级联菜单中单击 Python File 项，放大图如图 1-33 所示。

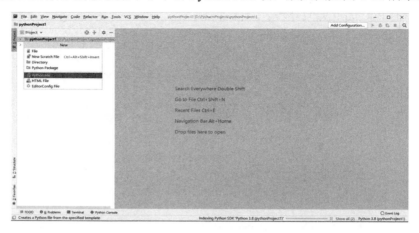

图 1-32　新建工程的文件级联菜单

图 1-33　选择 Python File 项

这一点非常重要，这里编写的是 Python 源文件，所以一定要选 Python File 项，否则后面的编写工作无法进行。

选择 Python File 项之后，出现如图 1-34 所示的输入文件名的对话框。

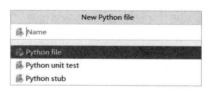

图 1-34　输入文件名对话框

将文件命名为 Sl1_1（表示实例 1-1），如图 1-35 所示。

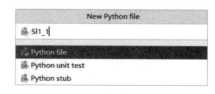

图 1-35　输入文件名

在源文件编辑窗口中，当输入 pr 字符后，自动出现跟 pr 相关的命令（这便是 PyCharm 的智能提示功能）。在这里准备输出一行文字，所以双击"print(…)"，自动输入该命令，如图 1-36 所示。

图 1-36   PyCharm 的智能提示功能

在 print 命令后面自动带上一对英文括号，在括号内输入一对英文双引号或单引号，再按 Ctrl+Space 组合键转为汉字输入状态。输入"您好，北京！"后不要加任何符号，如图 1-37 所示。

图 1-37   输入显示的内容

我们的第一个实例程序就编写完成了，下面运行一下这段程序。单击 Run 菜单，在弹出的如图 1-38 所示菜单项中单击 Run 命令。

图 1-38   运行菜单选项

在弹出的如图 1-39 所示的窗口中选择运行对象：Sl1_1。

图 1-39   选择运行对象

在如图 1-40 所示的下一级窗口中单击 Run 命令。

图 1-40　　在运行级联菜单中选择 Run 命令

在程序输出窗口得到如图 1-41 所示的程序运行结果。

图 1-41　　程序运行结果

放大图如图 1-42 所示。

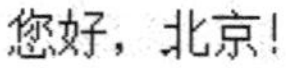

您好，北京！

图 1-42　　程序运行结果放大图

程序运行正确，单击关闭按钮，退出程序。或者单击右上角的关闭按钮，在弹出的如图 1-43 所示对话框中再单击 Exit 按钮退出 PyCharm。

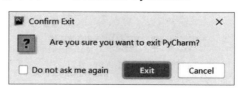

图 1-43　　程序退出对话框

以上详细介绍了一段 Python 程序从创建到运行及退出的全过程。

Python 开发技术标准教程

自我检测题

一、单一选择题

1. 下列哪一种关于 Python 语言的描述是不正确的？（   ）
   A. Python 是跨平台的高级编程语言
   B. Python 是开源的高级编程语言
   C. Python 是编译型的高级编程语言
   D. Python 是解释型的高级编程语言

2. 经过检测计算机安装的操作系统是 64 位的 Windows，那么安装 Python 应选择的版本是（   ）。
   A. 64 位的
   B. 32 位的
   C. 64 位和 32 位的都可以
   D. 只能选择 Python 官方推荐的

3. 用 Python 语言编写的源程序文件名的后缀是（   ）。
   A. exe   B. txt
   C. db   D. py

4. 关于 Python 和 PyCharm 两者的安装问题，正确的说法应该是（   ）。
   A. 应该先安装 PyCharm
   B. 应该先安装 Python
   C. 先安装哪个都可以
   D. 只需要安装 PyCharm

5. 在 Python 解释器中，输入的提示符正确的是（   ）。
   A. –   B. >
   C. >>   D. >>>

二、填空题

1. PyCharm 是具有_____的_____编译器。

2. 在编写 Python 源程序时，在新建文件对话框中一定要选_____项。

3. 在 PyCharm 中编写 Python 源程序时，当输入 pr 两字符后，下面会自动出现跟 pr 有关的命令，这便是 PyCharm 的_____功能。用鼠标左键_____击就可自动输入选中的命令。

4. PyCharm 的安装页面有_____和_____两种模式。

5. 退出 PyCharm 时正确的操作方式是单击窗口右上角的_____按钮，再单击对话框中的_____按钮。

第 2 章

变量与基本数据类型

2.1　标识符

在程序设计中会用到各种对象，如常量、变量、函数、模块和类型等，为了识别这些对象，必须给每个对象一个名称，这个名称就称为标识符。所以，标识符的含义是用于标示识别各种对象的字符，是用户定义的一种字符序列。标识符一般由单词或单词组合构成，也可以是一些无特定意思的字符或一串字符。命名原则有三条：

❑ 标识符只能由字母、下画线（_）和数字组成，作为标识符的字符串内不能含有标点符号和%、&、！、#、@、$、空格等特殊字符。

❑ 标识符必须以字母开头，第一个不能是数字。

❑ 标识符不能用 Python 保留字，不能与内部模块名、函数名相重。

注意：

❑ Python 语言标识符的命名区分大小写。例如，NAME、Name 及 name 在 Python 中被认为是不同的标识符。

❑ 命名标识符时应尽量做到"见名知意"，即选有相应含义的英文单词或汉语拼音等作为标识符，如 Student（表示学生）、name（表示姓名）、gz（表示工资）等，以增加程序的可读性。

❑ Python 中以下画线开头的标识符有特殊意义，如以单下画线开头的标识符（如 _add）表示类的保护成员；以双下画线开头的标识符（如 _ _init_ _()）表示构造方法（函数）。

❑ Python 语言允许使用汉字作为标识符，在程序运行时不会出现错误，但建议尽量少用。

2.2　变量

数值类型数据可分为常量和变量两大类。在程序运行过程中，值和类型不能改变的量称为常量，值和类型能被改变的量称为变量。变量的标识符（即变量名）、变量的值和变量的数据类型称为变量的三要素。

在 Python 中，不需要事先声明变量名及类型，直接赋予其值即可创建各种类型的变量。然而，一旦要声明变量，变量的命名就不是任意的，必须遵循以下规则：

❑ 变量名必须是一个有效的标识符。

❑ 变量名不能使用 Python 中的保留字。

❑ 慎用小写字母l和大写字母O。

❑ 应尽量选择有意义的单词作为变量名。

另外，需要注意的是，Python 是一种动态类型语言，其变量类型可以随时变化。

2.3　基本数据类型

程序是需要解决的实际问题在计算机上的具体实现，这必然涉及各种各样的数据。从本质上讲，用计算机解决各种实际问题，就是通过计算机程序对反映实际问题的一些数据进行处理来实现的。况且，任何程序都可看成由三部分组成：数据的输入、数据的处理和数据的输出，所以数据是程序处理的对象和结果。在 Python 语言中，数据分为三种类型。

2.3.1 数字类型

数字类型包括整数、浮点数和复数。

整数包括正数、负数和 0。

浮点数主要用于处理包括小数的数。

复数与数学中的复数的形式完全相同，由实部和虚部组成，并且使用 j 或者 J 表示虚部。

2.3.2 字符串类型

字符串就是连续的字符序列，可以是计算机所能表示的一切字符的集合。在 Python 中，字符串属于不可变序列，通常使用单引号、双引号和三引号括起来。这三种引号形式只是在形式上有差别，在语义上无任何差别。在使用时，单引号和双引号中的字符序列必须在一行上，而三引号的字符序列可以分布在连续的多行上。

Python 中的字符串还支持转义字符。转义字符是指用反斜扛（\）对一些字符进行转义。如"\n"表示换行符，"\0"表示空，"\t"表示水平制表符等。

2.3.3 布尔类型

布尔类型主要用来表示真或者假的值。在 Python 中，标识符 True 和 False 被解释为布尔值。另外，Python 中的布尔值可以转化为数值，其中，True 表示 1，False 表示 0。

2.4 运算符

2.4.1 算术运算符

算术运算符是处理四则运算的符号，在数字的处理中使用得最多。常用的算术运算符如表 2-1 所示。

表 2-1　算术运算符

算术运算符	说　明	实　例	结　果
+	加	12.45+15	27.45
−	减	4.56-0.26	4.3
*	乘	5*3.6	18.0
/	除	7/2	3.5
%	求余	7%2	1
//	取整	7/2	3
**	求幂	2**4	16

算术运算符的优先级由高到低分别为：

第一级：**

第二级：*、/、%、//

第三级：+、−

同级先左后右，可以用小括号调整算术运算符的优先级。

2.4.2 赋值运算符

a=a+1 中的"="号显然不是我们所熟知的"等于"，而是"赋予"之意。赋值符号（=）称为赋值运算符，它的作用是将一个数据赋予一个变量。如 a=3 的作用是执行一次赋值操作（或称赋值运算），把常量 3 赋予变量 a。也可以将一个表达式的值赋予一个变量，例如 x=y+6。在 Python 中，赋值运算符的优先级最低，但使用却最频繁。

Python 中常用的赋值运算符如表 2-2 所示。

表 2-2　常用的赋值运算符

赋值运算符	说　明	举　例	展开形式
=	简单赋值	x=y	x=y
+=	加赋值	x+=y	x=x+y
−=	减赋值	x−=y	x=x−y
*=	乘赋值	x*=y	x=x*y
/=	除赋值	x/=y	x=x/y
%=	取余赋值	x%=y	x=x%y
**=	幂赋值	x**=y	x=x**y
//=	取整赋值	x//=y	x=x//y

2.4.3 比较运算符

比较运算符又称为关系运算符，用于对变量或表达式的结果进行大小、真假的比较。如果比较的结果为真，则返回 True；如果比较的结果为假，则返回 False。

比较运算符常用于条件语句中，作为判断的依据。Python 的比较运算符如表 2-3 所示。

表 2-3　比较运算符

比较运算符	作　用	举　例	结　果
>	大于	'a'>'b'	False
<	小于	156<456	True
==	等于	'c'== 'c'	True
!=	不等于	'y' != 't'	True
>=	大于或等于	479>=426	True
<=	小于或等于	62.45<=45.5	False

2.4.4　逻辑运算符

逻辑运算符是对真和假两种布尔值进行比较运算，运算后的结果依然是布尔值。
Python 中的逻辑运算符如表 2-4 所示。

表 2-4　逻辑运算符

逻辑运算符	含 义	用 法	结合方向
and	逻辑与	op1　and op2	从左到右
or	逻辑或	op1　or op2	从左到右
not	逻辑非	not op	从右到左

使用逻辑运算符进行逻辑运算的结果如表 2-5 所示。

表 2-5　使用逻辑运算符进行逻辑运算的结果

表达式 1	表达式 2	表达式 1　and 表达式 2	表达式 1　or 表达式 2	not 表达式 1
True	True	True	True	False
True	False	False	True	False
False	False	False	False	True
False	True	False	True	True

2.4.5　位运算符

当计算机用于检测和控制领域时，常要处理二进制位的问题。对操作数以二进制位
为单位的数据处理称为位运算。

由于计算机只能处理由 0 和 1 组成的二进制数据，所以，需要计算机处理的信息都
要先转化为 0 和 1。

二进制的优点：

❑　简单：只有 0 和 1 两个数字。

❑　技术上容易实现。

❑　可靠性高，传输和处理不易出错。

❑　运算法则简单。

二进制只有 0 和 1 两个数字，采用逢 2 进 1 的进制。

00000001 相当于十进制的 1。

00000001+1=00000010 相当于十进制的 2。

00000010+1=00000011 相当于十进制的 3。

00000011+1=00000100 相当于十进制的 4。

00001000 相当于十进制的 8。

00010000 相当于十进制的 16。

00100000 相当于十进制的 32。

01000000 相当于十进制的 64。

在美国国家信息交换标准字符码（ASCII 码）中：

"A"的 ASCII 码为 65，可以用 1000001 表示。

"a"的 ASCII 码为 97，可以用 1100001 表示。

可见，要代表一个有用信息，至少要用一个 8 位二进制数来表示。

一个二进制数称为一个字位，简称位，用 bit 表示，译作比特。8 个二进制数构成一个字节，用 Byte 表示，译作拜特。所以，1Byte=8bit，bit 可简写为 b，Byte 可简写为 B。它们的进位关系是：

1KB=1024B

1MB=1024KB

1GB=1024MB

其中，G 为吉，M 为兆，K 为千。

一个字节能代表多少完整信息呢？

10000000 为十进制的 128，若最高位暂时不用，则应是 0000000 到 1111111，即 0 到 127，共 128 个。

位运算包括逻辑位运算和移位运算。参加位运算的操作数必须是整型常量或变量。Python 中的位运算符有位与、位或、位异或、位取反、左移位和右移位 6 种。前四种为逻辑位运算符，后两种为移位运算符。

1. 位与运算

位与运算的运算符为 &。位与运算的规则是：两个操作数用二进制表示，只有对应位都是 1 时，结果位才是 1，否则为 0。

例如：12&8 = 8

计算过程如下：

```
  00001100
&00001000
──────────
  00001000
```

2. 位或运算

位或运算的运算符为 |。位或运算的规则是：两个操作数用二进制表示，只有对应位都是 0 时，结果位才是 0，否则为 1。

例如：12|8 = 12

计算过程如下：

```
   00001100
|  00001000
──────────
   00001100
```

3. 位异或运算

位异或运算的运算符为 ^。位异或运算的规则是：两个操作数用二进制表示，当对应位相同（同时为 0 或同时为 1）时，结果为 0，否则为 1。

例如：12^8 ＝ 4

计算过程如下：

```
  00001100
^ 00001000
  00000100
```

4. 位取反运算

位取反运算也称位非运算，运算符为 ~。位取反运算的规则是：两个操作数用二进制表示，1 改为 0，0 改为 1。

计算过程如下：

例如：~127 ＝ –128

```
~ 01111111
  10000000
```

【实例 2-1】按位运算验证程序。

```
SI2_1.py ×
1   print("12 & 8 =" + str(12 & 8))
2   print("12 | 8 =" + str(12 | 8))
3   print("12 ^ 8 =" + str(12 ^ 8))
4   print("~ 127 =" + str(~ 127))
```

程序运行结果如下：

```
12 & 8 =8
12 | 8 =12
12 ^ 8 =4
~ 127 =-128
```

127 进行位取反运算后为什么等于 –128 呢？这是因为二进制的最高位兼有既代表数又代表符号的双重作用。127+1=128，最高位 0 代表正数，1 代表负数。127 是一个正数，最高位为 0，取反后为 1，即代表负数。所以，127 进行位取反运算后等于 –128。

5. 左移位运算

左移位运算的运算符<<是将一个二进制操作数向左移动指定的位数，左边（高位端）溢出的位被丢掉，右边（低位端）的空位用 0 补充。<<2 相当于乘以 2 的 2 次方，但运行速度更快。数的正负不变，即原来最高位是 0 的补充 0，原来最高位是 1 的补充 1。

例如：44<<2 ＝ 176

计算过程如下：

```
  00101100
<<2
  10110000
```

6. 右移位运算

右移位运算的运算符>>是将一个二进制操作数向右移动指定的位数，右边（低位端）溢出的位被丢掉，左边（高位端）的空位用 0 补充。>>2 相当于除以 2 的 2 次方，但运行速度更快。数的正负不变，即原来最高位是 0 的补充 0，原来最高位是 1 的补充 1。

例如：44 >>2 = 11

计算过程如下：

$$\begin{array}{r} 00101100 \\ >>2 \\ \hline 00001011 \end{array}$$

【实例 2-2】移位运算验证程序。

```
SI2_2.py ×
1    print("44 << 2 =" + str(44 << 2))
2    print("-44 << 2 =" + str(-44 << 2))
3    print("44 >> 2 =" + str(44 >> 2))
4    print("-44 >> 2 =" + str(-44 >> 2))
```

程序运行结果如下：

```
44 << 2 =176
-44 << 2 =-176
44 >> 2 =11
-44 >> 2 =-11
```

2.5 Python 的输入和输出

数据的输入与输出操作是计算机的最基本操作。基本输入是指从键盘输入程序需要的数据的操作，基本输出是指在屏幕上显示程序运行的结果的操作。

2.5.1 使用函数 print() 输出

print() 是 Python 的内置函数，它的基本语法格式如下：

```
print(输出内容)
```

其中，输出内容可以是数字和字符串（字符串需要用英文引号引起来），此类内容将直接输出，也可以是包含运算符的表达式，此类内容将输出计算结果。

【实例 2-3】用 print() 函数输出如下内容。
源程序如下：

```
SI2_3.py ×
1    a = 100
2    b = 5
3    print(9)
4    print(a)
5    print(b)
6    print(a*b)
7    print("我钟爱Python! ")
```

程序运行结果如下：

```
9
100
5
500
我钟爱Python!
```

【实例2-4】某公司每月生产某项高科技产品30 000件，每件生产成本为2500元，销售单价为3000元。为了分配奖金，公司分配销售收入的1%，技术部门分配总利润的10%，销售部门分配总利润里扣除公司和技术部门分配后剩余部分的5%。试计算公司、技术部门、销售部门用于奖金分配的金额各是多少元。

[分析]

总收入 =3000*30000

总利润 =(3000-2500)*30000

公司分配 = 总收入 *0.01

技术部门分配 = 总利润 *0.1

销售部门分配 =(总利润 – 公司分配 – 技术部门分配)*0.05

源程序如下：

```
1    总收入 = 3000 * 30000
2    总利润 = (3000-2500) * 30000                                            △5 △1
3    公司留下 = 总收入 * 0.01
4    技术部门分配 = 总利润 * 0.1
5    销售部门分配 = (总利润-公司留下-技术部门分配) * 0.05
     print(公司留下, 技术部门分配, 销售部门分配)
```

程序运行结果如下：

```
900000.0 1500000.0 630000.0
```

由于该程序在 5 条语句中使用了汉字作为变量名，所以系统发出了 5 条警告。我们可以不理睬这些警告，程序运行照样成功。

2.5.2　使用函数 input() 输入

在 Python 中，使用内置函数 input() 可以接受用户通过键盘输入的内容。函数 input() 的基本语法格式如下：

```
variable = input(" 提示文字 ")
```

其中，variable 为保存输入结果的变量，英文双引号内的文字用于提示要输入的内容。

【实例 2-5】根据输入的出生年份，计算年龄大小。

源程序如下：

```
SI2_5.py ×
1    import datetime
2    imyear = input("请输入你的出生年份：")
3    nowyear = datetime.datetime.now().year
4    age = nowyear - int(imyear)
5    print("你的年龄为：" + str(age) + "岁")
```

程序运行结果如下：

请输入你的出生年份：1974
你的年龄为：47岁

该程序使用了系统计算当年的年份，所以用"import datetime"语句调入了系统的时间模块。另外，系统自动将 age 定义为数字类型整型变量，所以要用 str(age) 将其转换为字符串常量，用 + 将三个字符串连接成一个长字符串。

自我检测题

●--- 一、单一选择题 ------------

1. 下列变量名中合法的是（　　　）。

    A. 2a

    B. c$

    C. t3

    D. Int

2. 在 Python 语言中关于变量的论述不正确的是（　　　）。

    A. 变量必须事先声明类型后才能使用

    B. 变量可以不声明直接赋值

    C. 变量的类型可以随时变化

    D. 变量名可以使用汉字

3. 在 Python 语言中关于字符串的论述不正确的是（　　　）。

    A. 可以使用单引号

    B. 可以使用双引号

    C. 可以使用三引号

    D. 只能使用双引号

4. 在 Python 语言中，关于算术运算符的优先级不正确的说法应该是（　　　）。

    A. ** 最高

    B. * 和 / 比 + 和 − 要高

C. % 和 // 最低

D. 可以用于小括号调整算术运算符的优先级

5. 将数学关系表达式 3 ≤ x < 10 表示成 Python 表达式正确的是（　　）。

A. 3<=x<10

B. 3<=x and x<10

C. x>=3　 or x<10

D. 3<=x and <10

二、填空题

1. 在 Python 语言中，标识符只能由字母、数字和_____组成，而且第一个不能是_____。

2. 在 Python 语言中，NAME、Name 及 name 是三个_____同的标识符。

3. 在 Python 语言中，字符串属于_____变序列，在使用时单引号和双引号中的字符序列必须在_____行上，而使用三引号的序列可以在_____行上。

4. 在 Python 语言中，x = y+6 写法的含义不是 y+6 的值_____ x，而是将 y+6 的值_____ x。

5. 在 Python 语言中，移位运算的结果是向左移位使该数变_____，向右移位使该数变_____。

Python 开发技术标准教程

第 3 章

程序控制结构

计算机是能够直接进行算术运算和逻辑运算的机器。算术运算是指加、减、乘、除等运算，运算结果是一个数值。如计算机能够进行 5+4×3 的算术运算，求得的结果为17。逻辑运算是指比较两个数值或一串字符的大小、判断一个条件（或称命题）是否成立等运算，运算结果是逻辑值"真"或"假"。如计算机能够判断命题 10>5 是否为真，能够判断命题 $x<10$ 是否为真。当 x 的值确实小于 10，则判断出该命题结果为真；当 x 的值大于或者等于 10，则判断出该命题结果为假。

计算机除了能够对数据进行算术运算和逻辑运算外，还可以进行数据存储、传送等操作。

数据既能够被临时性地保存在内存中，又可以被永久性地保存在外部存储器中。数据传送是指数据从一种设备传送到另一种设备，或从同一种设备的一个存储位置传送到另一个存储位置。人们经常需要把数据从输入设备传送到内存，从内存传送到输出设备，在内存和外部存储器之间相互传送，在内存内部不同位置之间进行传送等。

为了能很好地完成给定的任务，程序设计过程大致需要三步：

（1）确定算法与数据结构；

（2）用流程图表示程序的思想；

（3）用程序设计语言编制计算机程序。

如前所述，算法就是解决问题的步骤和方法。

利用计算机解决问题，首先设计出适合计算机执行的算法，此算法包含的步骤必须是有限的，每一步都必须是明确的，而且计算机最终能够执行。因此算法中的每一步都只能是如下一些基本操作或它们的不同组合，如数据存储、数据传送、算术运算、逻辑运算等。

著名的计算机科学家沃思曾提出过一个经典公式：

$$程序 = 数据结构 + 算法$$

这个公式说明一个程序应由两部分组成：

❑　数据的描述和组织形式，即数据结构。

❑　对操作或行为的描述，即操作步骤，也称算法。

前面提到，知道乘车路线是找到目的地的关键，编写程序的关键就是合理地组织数据和设计算法。显然，去一个地方可能会有多条路线，同样地，解决一个问题也会有多种算法。比如，排序算法就有很多种，如冒泡法、交换法、选择法等。程序设计语言好比是汽车，它仅仅是实现算法（到达目的地）的工具。到达目的地，可以利用各种交通工具。同理，对于同一个算法，可以利用各种程序设计语言来实现。用不同的算法以及不同的程序设计语言解决同一个问题，只是速度和效率上不同而已。每个程序都要依靠算法和数据结构，在某些特殊领域，如计算机图形学、数据结构、语法分析、数值分析、人工智能和模拟仿真等，解决问题的能力几乎完全依赖于最新的算法和数据结构。因此，针对某个应用领域，要想开发出高质量、高效率的程序，除了熟练掌握程序设计语言这种工具和必要的程序设计方法以外，更重要的是多了解、多积累并逐渐学会自己设计一些好的算法。

在面向过程的程序设计中，程序设计者必须拟定计算机的具体步骤，设计者不仅要考虑程序应做什么，还要解决怎么做的问题，根据程序要做什么的要求，写出一条条语句，安排好它们的执行顺序。怎样设计这些步骤，怎样保证它的正确性和具有较高的效率，这都是算法需要解决的问题。所谓算法，就是一个有穷规则的集合，其中的规则确定了解决某个特定类型问题的运算序列。简单地说，就是为解决一个具体问题而采取的确定有限的操作步骤。当然，这里所说的算法仅仅是指计算机算法，即计算机能够执行的算法。

算法应具备如下特点。

❑ 　有输入：可以有零个或多个输入。

❑ 　有输出：必须具有一个或多个输出。

❑ 　有穷性：在执行有穷步骤后结束。

❑ 　确定性：对处理问题的结果不能出现二义性。

❑ 　高效性：执行的时间要短，并且不占用过多的内存。

下面通过两个似是而非的例子予以说明。

【例 1】通过键盘输入一系列整数，计算并输出前 10 个正整数的和。

【例 2】通过键盘输入一系列整数，计算并输出前 10 个整数中正整数的和。

算法的描述方法主要可以归纳为以下几种。

1. 自然语言描述

自然语言就是人们日常生活中使用的语言。用自然语言描述算法时，可以使用汉语、英语和数学符号等，这种方法比较符合人们日常的思维习惯，通俗易懂，初学者容易掌握。

例 1 的处理过程可以细化为如下步骤：

（1）设置求和变量 sum 并使其初值为零；

（2）通过键盘输入数据；

（3）判断数据是否是正数，如果是正数则加入 sum 中；

（4）继续（2）、（3）步，直到输入 10 个正整数为止；

（5）输出 sum 的值。

用自然语言表示虽然通俗易懂，但文字冗长，容易出现"歧义性"。自然语言表示的含义往往不大严谨，要根据上下文才能判断其正确含义。例如有这样一句话："张先生与李先生谈论他的孩子考上大学的事情"。请问是张先生的孩子考上大学呢，还是李先生的孩子考上大学呢？光从这句话本身难以判断。此外，用自然语言描述包含分支和循环的算法，不是很方便。因此，除了很简单的问题以外，一般不用自然语言描述算法。

2. 流程图描述

流程图是一个描述程序的控制流程和指令执行情况的有向图，它是程序的一种比较直观的表示形式。美国国家标准化协会（ANSI）规定了一些符号作为常用的流程图符号，已为世界各国程序工作者普遍采用。用传统流程图描述算法的优点是形象直观，各种操作一目了然，不会产生"歧义"，算法出错时容易发现，并可直接转化为程序；缺点是所占篇幅较大，由于允许使用的流程线过于灵活，不受约束，使用者可使流程任意转向，从而造成程序阅读和修改上的困难，不利于结构化程序的设计。

3. N-S 结构化流程图描述

N-S 结构化流程图（简称 N-S 图或盒图）是由美国学者 I. Nassi 和 B. Shneiderman 于 1973 年提出的，N-S 图就是用这两位学者名字的首字母命名的。它的最重要的特点就是完全取消了流程线，这样算法只能自上而下顺序执行，避免了算法流程的任意转向，保证了程序的质量。

与传统流程图相比，N-S 图的另一个优点是既形象直观，又节省篇幅，尤其适合于结构化程序的设计。

与三种基本结构对应的 N-S 图如图 3-1 所示。

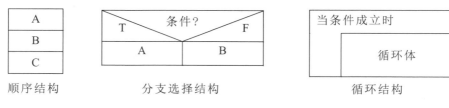

图 3-1　三种基本结构对应的 N-S 图

与例 1 对应的 N–S 图如图 3-2 所示。

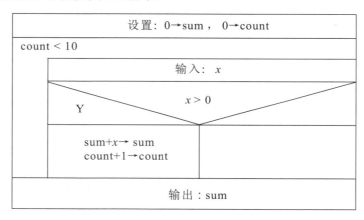

图 3-2　与例 1 对应的 N–S 图

例 2 仅增加了"整数中"三个字，题意就有所不同。例如，x 为：1、-1、2、3、4、5、-5、6、7、8、9、10。

例 1 是求前 10 个正整数的和，应该是：

sum=1+2+3+4+5+6+7+8+9+10=55

例 2 是求前 10 个整数中正整数的和，应该是：

sum=1+2+3+4+5+6+7+8=36

由此可见，它们的算法是有区别的，从我们设定的数据来看，例 1 是计算前 12 个整数中 10 个正整数的和，累加的是正整数的个数；例 2 是计算前 10 个整数中的正整数的和，累加的是整数的个数。

与例 2 对应的 N-S 图如图 3-3 所示。

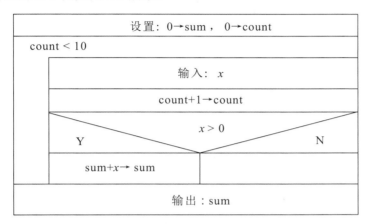

图 3-3　与例 2 对应的 N-S 图

3.2　顺序结构

顺序结构中各执行语句之间存在一定的关系。最简单的一种关系就是：从上到下顺序执行各语句。即先执行第 1 条语句，再执行第 2 条语句，再执行第 3 条语句，…，直到最后一条语句。这样编写的程序就是顺序结构的程序。

顺序结构是最简单的程序结构，也是程序中最常用的程序结构，其特点是完全按照语句出现的先后次序执行程序。日常生活中，需要"按部就班、依次进行顺序处理和操作"的问题随处可见。编程语言中，像赋值操作和输入 / 输出操作等都属于顺序结构，它们主要由表达式语句组成。

用 N-S 图表示有三个操作的顺序结构如图 3-4 所示。

图 3-4　有三个操作的顺序结构的 N-S 图

图 3-4 中，首先执行 A 操作，其次执行 B 操作，最后执行 C 操作，三者是顺序执行的关系。前面我们介绍过的求两个整数之和的例子就是顺序结构，采用顺序结构的程序中的各执行语句是顺序执行的，这种程序最简单、最容易理解。

3.3　分支选择结构

分支选择结构分为单分支和多分支两种。多分支的最简单形式是双分支选择结构。单分支选择结构和多分支选择结构的 N-S 图分别如图 3-5 和图 3-6 所示。

图 3-5　单分支选择结构的 N-S 图

图 3-6　多分支选择结构的 N-S 图

在单分支选择结构中，如果布尔表达式的值为真，则执行语句块。

在双分支选择结构中，如果布尔表达式的值为真，则执行语句块 1；如果布尔表达式的值为假，则执行语句块 2。

3.4　循环控制结构

人们在日常生活中经常遇到需要反复执行某一操作的情况。例如，输入 100 个学生的成绩；输出 100 个自然数之和；在三位整数中找出水仙花数；在一定数值范围内找出全部素数等。诸如此类的问题都存在一个重复求解的过程，需要用循环控制结构进行处理。

循环控制结构的 N-S 图如图 3-7 所示。

图 3-7　循环控制结构的 N-S 图

当条件成立时，执行循环体语句块。

3.5　条件语句

【实例 3-1】根据输入的整数，判断它是偶数还是奇数。用 if-else 完成。

【分析】若有一个整数 number，判断它是偶数的依据是：number%2 余数等于 0。

源程序如下：

```
SI3_1.py ×
1   number = float(input("请输入一个数："))
2   if number % 2 == 0:
3       print("此数是一个偶数。")
4   else:
5       print("此数是一个奇数。")
```

程序运行结果如下：

请输入一个数：36
此数是一个偶数。

再运行一次结果如下：

请输入一个数：57
此数是一个奇数。

与其他编程语言不同，Python 语言对语句的缩进有严格的要求。第二行代码后面跟着一个英文冒号，第三行代码自动缩进 4 个空格字符位，表示是同一级别的代码段。如果少于 4 个或者多于 4 个，系统均会报错。所以，Python 语言被称为最漂亮的编程语言。

【实例 3-2】根据输入的身高（米）和体重（千克），计算体指数（BMI），判断身体健康状况。

计算体指数的公式为：BMI= 体重 /（身高 * 身高）。

BMI 小于 18.5，体重过轻；

BMI 大于或等于 18.5 与 BMI 小于 24.9，体重正常；

BMI 大于或等于 24.9 与 BMI 小于 29.9，体重超重；

BMI 大于或等于 29.9，肥胖。

所以，这是一个多分支选择结构（又称分支嵌套）问题。体现算法的 N-S 图如图 3-8 所示。

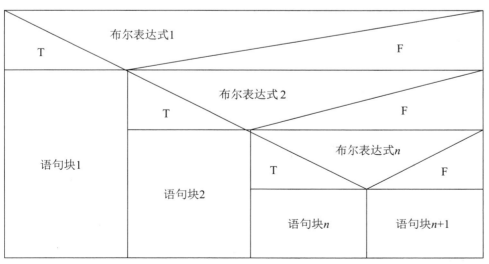

图 3-8　实例 3-2 的 N-S 图

源程序如下：

```
SI3_2.py ×
1    height = float(input("请输入你的身高："))
2    weight = float(input("请输入你的体重："))
3    bmi = weight/(height*height)
4    if bmi < 18.5:
5        print("你的BMI指数为: " + str(bmi))
6        print("体重过轻")
7    if bmi >= 18.5 and bmi < 24.9:
8        print("你的BMI指数为: " + str(bmi))
9        print("体重正常")
10   if bmi >= 24.9 and bmi <29.9:
11       print("你的BMI指数为: " + str(bmi))
12       print("体重超重")
13   if bmi >= 29.9:
14       print("你的BMI指数为: " + str(bmi))
15       print("肥胖")
```

程序运行结果如下：

```
请输入你的身高：1.60
请输入你的体重：51.2
你的BMI指数为：19.999999999999996
体重正常
```

再运行一次结果如下：

```
请输入你的身高：1.67
请输入你的体重：75.2
你的BMI指数为：26.964035999856577
体重超重
```

此实例还可以修改为分支嵌套，用 if-elif-else 完成。

【实例 3-3】根据输入的身高（米）和体重（千克），计算体指数（BMI），判断身体健康状况（要求用分支嵌套结构完成）。

源程序如下：

```
SI3_3.py ×
1    height = float(input("请输入你的身高："))
2    weight = float(input("请输入你的体重："))
3    bmi = weight/(height*height)
4    if bmi < 18.5:
5        print("你的BMI指数为: " + str(bmi))
6        print("体重过轻")
7    elif bmi < 24.9:
8        print("你的BMI指数为: " + str(bmi))
9        print("体重正常")
10   elif bmi < 29.9:
11       print("你的BMI指数为: " + str(bmi))
12       print("体重超重")
13   else:
14       print("你的BMI指数为: " + str(bmi))
15       print("肥胖")
```

程序运行结果如下：

```
请输入你的身高：1.67
请输入你的体重：75.2
你的BMI指数为：26.964035999856577
体重超重
```

再运行一次结果如下：

请输入你的身高：*1.62*
请输入你的体重：*58.2*
你的**BMI**指数为：**22.176497485139457**
体重正常

分支选择结构的嵌套形式还有在 if-else 语句中嵌套 if-else，具体形式如下：

```
if 表达式 1:
    语句块 1
else:
    if 表达式 2:
        语句块 2
    else:
        if 表达式 3
            语句块 3
        else:
            语句块 4
```

【**实例 3-4**】根据输入的成绩，按如下标准换算成相应等级。

成 绩	等 级
大于或等于 90	优秀
小于 90，但大于或等于 80	良好
小于 80，但大于或等于 70	一般
小于 70，但大于或等于 60	较差
小于 60	差

源程序如下：

```
SI3_4.py
1   score = int(input("请输入成绩："))
2   if score >= 90:
3       print("优秀")
4   else:
5       if score >= 80:
6           print("良好")
7       else:
8           if score >= 70:
9               print("一般")
10          else:
11              if score >= 60:
12                  print("较差")
13              else:
14                  print("差")
```

程序运行结果如下：

请输入成绩：*85*
良好

再运行一次结果如下：

请输入成绩：*65*
较差

3.6 循环语句

3.6.1 while 循环

while 循环是通过一个条件来控制是否需要重复执行的语句。它是循环次数无法事先确定所采用的一种循环语句。

while 循环的应用格式如下：

```
while 条件表达式
    循环体
```

【**实例 3-5**】试求 n 个连续自然数之和。

分析：

n 个连续自然数之和应该是 $1+2+3+\cdots n$，由于事先并不知道要求多少个连续自然数的和，无法确定循环的次数，所以采用 while 循环。控制循环的条件是自然数 number $\leqslant$ 自然数个数 n，如果取 $n=10$，$1 \leqslant 10$，满足循环条件，执行循环体：和 sum=0+1=1；number=1+1=2；$2 \leqslant 10$，满足继续循环条件，再执行循环体；和 sum=1+2=3，number=1+2=3；$3 \leqslant 10$，仍满足继续循环条件，再执行循环体，直至 number=10+1=11，$11 \leqslant 10$，逻辑值为假，不满足继续循环条件，退出循环。最后输出 sum 的值。

源程序如下：

```
SI3_5.py
1  n = input("请输入需要求和的自然数的个数：")
2  sum = 0
3  number = 1
4  n = int(n)
5  while number <= n:
6      sum += number
7      number += 1
8  print(n, "个自然数之和为：", sum)
```

程序运行结果为：

请输入需要求和的自然数的个数：*1000*
1000 个自然数之和为： **500500**

根据 number=1，系统知道 number 是一个整型值，但在未输入 n 的值之前，系统并不知道 n 的值类型，所以程序中采用 n=int(n)，将 n 强制转换为整型。根据 sum=0，系统并不能确定 sum 的值类型，所以系统会发出警告，这里可以不予理睬。

【实例 3-6】将一个已知数反向输出。

分析：

设此数为 num，运算结果为 digit。

（1）如何从数中取出数字？

可以采用求余运算，例如：

```
123  % 10  = 3;
12   % 10  = 2;
1    % 10  = 1。
```

方法：digit = num % 10

（2）如何控制循环？

```
123  //10  = 12;
12   // 10  =1;
1    // 10  = 0。
```

方法：num =10//10

N-S 图如图 3-9 所示。

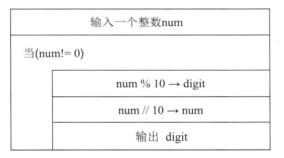

图 3-9　实例 3-6 的 N-S 图

源程序如下：

```
SI3_6.py ×
1   num = input("请输入一个非零整数：")
2   num = int(num)
3   digit = 0
4   print("反向显示为：", end="")
5   while num != 0:
6       digit = num % 10
7       num = num // 10
8       print(digit, end="")
```

程序运行结果如下：

请输入一个非零整数：*12345*
反向显示为：**54321**

再运行一次结果如下：

请输入一个非零整数：*8175207*
反向显示为：**7025718**

最后要将每次取得的数在循环体内构成一个紧凑的数，必须用 print() 函数不换行输出。但是 Python 语言中 print() 函数会自动换行，所以采用 print(digit,end= "") 输出。

【实例 3-7】用 while 循环编程求全部水仙花数。

提示：水仙花数是一些三位正整数，它们的特征是：设此三位正整数为 x，它的百位数为 i，十位数为 j，个位数为 k，则 $i**3+j**3+k**3$ 与 x 相等。

分析：

三位整数的范围是 100 ~ 999，这里的解题关键是如何分离一个三位正整数的百位数、十位数和个位数。如果能将一个三位正整数 x 分离出百位数 i、十位数为 j、个位数为 k，就很容易判断它是否符合水仙花数的特征，从而输出符合条件的水仙花数。

具体 N-S 图如图 3-10 所示。

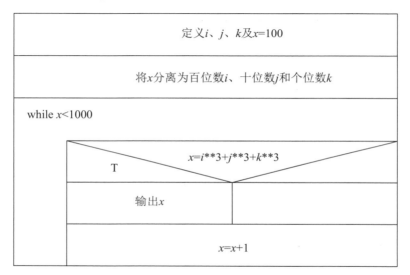

图 3-10　求全部水仙花数的 N-S 图

例如有一个三位正整数 153，

求 i：153//100=1　　　　　　　　（求百位数的方法是 x//100）

153 % 100=53

求 j：53//10=5　　　　　　　　　（求十位数的方法是 $(x$ % 100)//10）

求 k：153 % 10=3　　　　　　　　（求个位数的方法是 x % 10）

$i**3+j**3+k**3$=1*1*1+5*5*5+3*3*3=153，所以 153 是一个水仙花数。

由此不难求得全部水仙花数。

源程序如下：

```
S13_7.py ×
1      x = 100
2      print("水仙花数是：")
3    ┌ while x < 1000:
4    │     i = x // 100
5    │     j = (x % 100) // 10
6    │     k = x % 10
7    │     if (i**3 + j**3 + k**3 == x):
8    │         print(x)
9    └     x += 1
```

程序运行结果如下：

```
水仙花数是：
153
370
371
407
```

【实例 3-8】某数除以 3 余 2，除以 5 余 3，除以 7 余 2，试求该数。

分析：

设某数为 number，开始置零，以后用 number+=1 增值。当 number%3 == 2 and number%5 == 3 and number%7 == 2 时，number 就是要找的数。

源程序如下：

```
S13_8.py ×
1      none = True
2      number = 0
3    ┌ while none:
4    │     number += 1
5    │     if number % 3 == 2 and number % 5 == 3 and number % 7 == 2:
6    │         print("这个数是：", number)
7    └         none = False
```

程序运行结果如下：

```
这个数是： 23
```

这个实例没有明显的循环控制条件，所以引入了一个循环逻辑变量 none，当值为真时执行循环；当值为假时，退出循环。

3.6.2 for…in 循环

如果循环次数确定，就可以采用 for…in 循环。

for…in 循环语句的使用格式如下：

```
for 变量 in 集合：
    循环内语句 1
    循环内语句 2
```

为了更好地使用 for…in 循环语句，首先了解一下 range() 生成器。

range() 生成器可以自动生成一系列数字，有以下 3 种用法。

用法 1：range(结束数字)

生成 0（包括在内）至结束数字（不包括在内）之间的所有整数。例如：
range(10) 生成：0，1，2，3，4，5，6，7，8，9（不包括 10）。

用法 2：range(开始数字,结束数字)

生成开始数字（包括在内）至结束数字（不包括在内）之间的所有整数。例如：
range(1,10) 生成：1，2，3，4，5，6，7，8，9（不包括 10）。

用法 3：range(开始数字,结束数字,步长)

生成开始数字（包括在内）至结束数字（不包括在内）之间根据步长跳跃的所有整数。例如：
range(1,10,2) 生成：1，3，5，7，9（不包括 10）。

【实例 3-9】用 for…in 循环求 1~1000 的自然数之和。

提示：

要使用 range(1,1001) 自动生成自然数的集合。

源程序如下：

```
SI3_9.py ×
1    sum = 0
2    for n in range(1, 1001):
3        sum += n
4    print(sum)
```

程序运行结果如下：

```
500500
```

与 while 循环运行结果完全相同，但源程序显得更简单。

【实例 3-10】在屏幕上输出如下图形：

```
        *
       ***
      *****
     *******
    *********
     *******
      *****
       ***
        *
```

前面已经进行过算法分析和解释，这里不再重复。

源程序如下：

```
SI3_10.py ×
1    for n in range(5):
2        print(' ' * (4-n) + '*' * (2*n+1))
3    for n in range(4):
4        print(' ' * (n+1) + '*' * (7-2*n))
```

程序运行结果如下：

```
    *
   ***
  *****
 *******
*********
 *******
  *****
   ***
    *
```

需要重复输入的字符，例如" "和"*"，在 Python 中可以使用"字符 * 重复数"的方法简易完成。

【实例 3-11】在屏幕上输出如下图形：

```
*********
 *******
  *****
   ***
    *
   ***
  *****
 *******
*********
```

前面进行过算法分析和解释，这里不再重复。

源程序如下：

```
SI3_11.py ×
1    for n in range(5):
2        print(' ' * n + '*' * (9-2*n))
3    for n in range(4):
4        print(' ' * (3-n) + '*' * (2*n+3))
```

程序运行结果如下：

```
*********
*******
 *****
  ***
   *
  ***
 *****
*******
*********
```

【**实例 3-12**】用 for…in 循环在三位数中寻找水仙花数。

源程序如下：

```
1    print("水仙花数是：")
2    for x in range(100, 1000):
3        i = x // 100
4        j = (x // 10) % 10
5        k = x % 10
6        if (i**3 + j**3 + k**3 == x):
7            print(x)
```

程序运行结果如下：

```
水仙花数是：
153
370
371
407
```

三 位 数 的 范 围 是 100~999，我 们 采 用 range() 自 动 输 入 这 些 数，所 以 用 了 range(100,1000)，自动生成 100~999 每次增 1 的整数集合。程序运行结果与用 while 循环得到的完全相同，但程序代码显得更简单。

【**实例 3-13**】数学史上很有名的斐波那契（Fibonacci）数列是：0，1，1，2，3，5，8，13，21，…，试编程输出该数列的前 20 项，并要求每行只输出 5 个数。

分析：

观察该数列不难看出，数的排列有如下规律：除前面两项外，后面的每一项等于前面两项之和。所以当前项是 fib3 时，只需要系统"记住"该项的前两项 fib1 和 fib2。程序不需要为每一项设置专用变量，只要将 fib1=fib2，fib2=fib3，用循环完成 fib3=fib1+fib2，每次将得到的新 fib3 及时输出即可。

如何按要求控制每行只输出 5 个数呢？

可以设置一个变量 n，如果 n 与 5 进行求余运算，只要余数为零，就用 "print('\n')" 输出换行符换一行即可。

输出的数有一位数和多位数，如何右对齐排列整齐呢？

可以设置每个数占六位，前面用 "' '*(6-len(str(fib1))),fib1" 的类似形式输出。即先用 str(fib1) 将 fib1 强制转换为字符串，再用 len() 函数求得字符串的字符个数，用 6 减去，就可以得到前面带有适当空格的六位数。

源程序如下：

```
SI3_13.py ×
1    fib1 = 0
2    fib2 = 1
3    print(' '* (6-len(str(fib1))), fib1, ' '* (5-len(str(fib2))), fib2, end=' ')
4    for n in range(3, 21):
5        fib3 = fib1 + fib2
6        print(' '* (5-len(str(fib3))), fib3, end=' ')
7        if(n % 5 == 0):
8            print('\n', end=' ')
9        fib1 = fib2
10       fib2 = fib3
```

程序运行结果如下：

```
    0       1       1       2       3
    5       8      13      21      34
   55      89     144     233     377
  610     987    1597    2584    4181
```

【实例 3-14】试编程输出 1~100 内 3 的倍数。

分析：

先设置一个整型变量 m 从 1 自动增加到 100，依次用 m 与 3 求余等于 0 来判断 m 是否是 3 的倍数。若不满足要求，则该数不是 3 的倍数，应立即终止本次循环，选择下一个数进行判断，直到该数取到 100 为止。由于只是终止本次循环，所以用 continue 来控制运行流程的转移。控制换行的变量 n 是 0 开始的，所以，若打算每 10 个数换一次行，要用 "n%10==0 and n>0" 防止程序一开始就换行。

源程序如下：

```
SI3_14.py ×
1    n = 0
2    for m in range(1, 101):
3        if m % 3 != 0:
4            continue
5        if n % 10 == 0 and n > 0:
6            print('\n')
7        n += 1
8        print(" "*(2-len(str(m))), m, end=" ")
```

程序运行结果如下：

```
 3   6   9  12  15  18  21  24  27  30

33  36  39  42  45  48  51  54  57  60

63  66  69  72  75  78  81  84  87  90

93  96  99
```

将 10 修改成 11 后再运行一次观察结果。

源程序如下:

```python
n = 0
for m in range(1, 101):
    if m % 3 != 0:
        continue
    if n % 11 == 0 and n > 0:
        print('\n')
    n += 1
    print(" "*(2-len(str(m))), m, end=" ")
```

程序运行结果如下:

```
 3   6   9  12  15  18  21  24  27  30  33

36  39  42  45  48  51  54  57  60  63  66

69  72  75  78  81  84  87  90  93  96  99
```

【实例 3-15】按左下方三角形格式定位输出九九乘法表计算结果。

[分析] 先讨论一下如何按题意要求编程输出如图 3-11 所示格式的九九乘法表计算结果?

*	1	2	3	4	5	6	7	8	9
1	1								
2	2	4							
3	3	6	9						
4	4	8	12	16					
5	5	10	15	20	25				
6	6	12	18	24	30	36			
7	7	14	21	28	35	42	49		
8	8	16	24	32	40	48	56	64	
9	9	18	27	36	45	54	63	72	81

图 3-11　按左下方三角形格式展示的九九乘法表

由上可见,用左下方三角形输出九九乘法表计算结果应满足下列要求:

第 1 行只输出 1 个乘积,故 $m=1$,$n=1$;

第 2 行只输出 2 个乘积,故 $m=2$,$n=1$、2;

第 3 行只输出 3 个乘积,故 $m=3$,$n=1$、2、3;

……

由以上分析可以得到内循环变量 n 的终值应为 $n \leqslant m$。

定位显示的方法如前所述,这里不再重复。

N-S 图如图 3-12 所示。

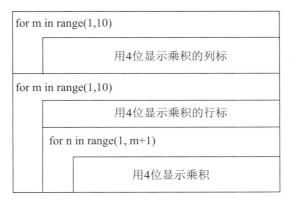

┌───┐
│ for m in range(1,10)   │
│   ┌───┤
│   │   用4位显示乘积的列标   │
├───┴───┤
│ for m in range(1,10)   │
│   ┌───┤
│   │   用4位显示乘积的行标   │
│   ├───┤
│   │ for n in range(1, m+1)   │
│   │   ┌─────────────────────────────────────┤
│   │   │   用4位显示乘积   │
└───┴───┴─────────────────────────────────────┘

图 3-12   实例 3-15 的 N-S 图

源程序如下：

```
SI3_15.py ×
1    print("*", end=" ")
2    for m in range(1, 10):
3        print(" "*3, m, end=" ")
4    print('\n')
5    for m in range(1, 10):
6        print(m, end=" ")
7        for n in range(1, m+1):
8            print(" "*(4-len(str(m*n))), m*n, end=' ')
9        print('\n')
```

程序运行结果如下：

```
*    1    2    3    4    5    6    7    8    9

1    1

2    2    4

3    3    6    9

4    4    8    12   16

5    5    10   15   20   25

6    6    12   18   24   30   36

7    7    14   21   28   35   42   49

8    8    16   24   32   40   48   56   64

9    9    18   27   36   45   54   63   72   81
```

【实例 3-16】我国古代有个著名的"百鸡问题"：鸡翁一，值钱五，鸡母一，值钱三，鸡雏三，值钱一。百钱买百鸡，问鸡翁、鸡母、鸡雏各几何？

这道数学题的题意为：公鸡每只5钱（我国古代使用的钱币），母鸡每只3钱，小鸡3只1钱。用100钱买100只鸡，问公鸡、母鸡和小鸡各能买多少只。

这里要强调的是：古代的钱币是一枚一枚的，无法找零；鸡是一只一只卖的，不能破开。因此，钱数和鸡数都只能是整数。

从数学的角度考虑，设公鸡、母鸡、小鸡分别为 i、j、k，分析可得：

$i*5+j*3+k/3*1=100$（钱）

$i+j+k=100$（只）

两个方程无法解出三个未知数，只能将各种可能的取值代入，其中能满足两个方程的就是所需的解。这种算法称为穷举法。

i、j、k 可能的取值有哪些？由分析可知：百钱最多可买公鸡 20 只、母鸡 33 只、小鸡 300 只。

基本算法为：

```
for i in range(21):
    for j in range(33):
        for k in range(300):
            if(i+j+k=100) and (5*i+3*j+k/3=100):
```

输出 i、j、k。

按这种算法，由于使用了三重循环，循环体将执行 $20 \times 33 \times 300 = 198\ 000$ 次。

为了缩短运行时间，将 $k=100-i-j$ 代入，只须用上 i 和 j 两变量，用钱数检测就可以了，循环体将执行 $20 \times 33 = 660$ 次。故将算法的 N-S 图加以改进，如图 3-13 所示。

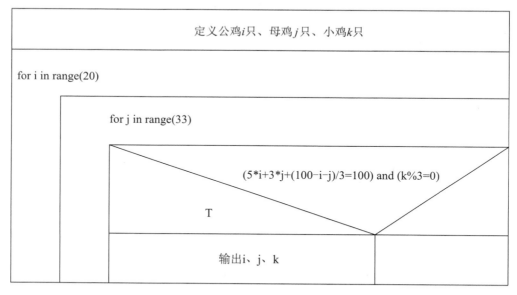

图 3-13 实例 3-16 的 N-S 图

"k％3=0"是一个很重要的条件，由题知 1 钱可买 3 只小鸡，只有小鸡数是 3 的倍数，才能保证钱数为整数。

源程序如下：

```
SI3_16.py ×
1    print("    公鸡    母鸡       小鸡")
2    for i in range(20):
3        for j in range(33):
4            k = 100 - i - j
5            if 5 * i + 3 * j + k / 3 == 100 and k % 3 == 0:
6                print(" "*4, i, " "*4, j, " "*4, k)
```

程序运行结果如下：

```
公鸡      母鸡       小鸡
0        25         75
4        18         78
8        11         81
12        4         84
```

自我检测题

一、单一选择题

1. if 语句后面的表达式是（   ）。

   A. 字符表达式

   B. 算术表达式

   C. 逻辑或关系表达式

   D. 任意表达式

2. Python 语言对语句的缩进有严格要求，如果前行以 ":" 结尾，续行应该是（   ）。

   A. 自动缩进 4 个字符

   B. 自动缩进 2 个字符

   C. 人工缩进 4 个字符

   D. 人工缩进 2 个字符

3. while 循环的循环条件取决于后面表达式的是（   ）。

   A. 数值的正负

   B. 数值的大小

   C. 逻辑值为真

   D. 逻辑值为假

4. while 1 的正确含义是（   ）。

   A. 以 1 进行循环

   B. 只循环 1 次

   C. 循环至 1 时终止循环

   D. 代表一个无限循环

5. range 生成器常用在 for…in 循环中，下列结论正确的是（   ）。

   A. range(5) 生成：1，2，3，4，5

B. range(5) 生成：0，1，2，3，4

C. range(1,5) 生成：1，2，3，4，5

D. range(1,5,2) 生成：1，3，5

二、填空题

1. 在 if…else 语句中，if 的译意是_____，else 的译意是_____。

2. Python 语言被称为"最漂亮的编程语言"主要是因为语句的_____有_____要求。

3. while 循环的循环控制条件取决于后面表达式的_____的_____。

4. while 循环主要用于循环次数事先_____的循环，for 循环主要用于循环次数事先_____的循环。

5. 当 range() 生成器表示为 range(1,5,2) 时，第 1 个数字代表_____，第 2 个数字代表_____，第 3 个数字代表_____，取值结果应该是_____。

第 4 章

序列

4.1　序列的概念

　　序列在数学中也称为数列，是指按照一定顺序排列的一系列数字。在程序设计中，序列是一种常用的数据存储方式，几乎每一种程序设计语言都提供了类似的数据结构。

　　在 Python 语言中序列是最基本的数据结构，它是一块用于存放多个值的连续内存空间。Python 语言中有 5 个常用的序列，它们分别是列表、元组、集合、字典和字符串。

4.2　序列的通用操作

4.2.1　索引

　　序列中的每个成员称为元素，它们都有一个编号，这个编号称为索引。序列的索引值是从 0 开始递增的，即第一个元素的索引值为 0，第二个元素的索引值为 1，依次类推。

　　Python 语言神奇的一点是，它的索引可以是负数。索引可以从右向左计数，也就是最后一个元素的索引值是 -1，倒数第二个元素的索引值是 -2，依次类推。最后一个元素的索引值设定为 -1 而不是 0，这是为了防止与第一个元素的索引值重合。

　　【实例 4-1】按要求输出下面序列的值。
　　源程序如下：

```
Sl4_1.py ×
1    verse = ["苹果", "香蕉", "草莓", "葡萄", "西瓜"]
2    print(verse[2])
3    print(verse[-2])
```

　　程序运行结果如下：

```
草莓
葡萄
```

4.2.2　切片

　　切片操作是访问序列中元素的另一种方法，它可以访问一定范围内的元素。通过切片操作，可以生成一个新的序列。实现切片操作的格式如下：

```
sname[start : end : step]
```

　　各参数说明如下。
　　❑　sname：表示序列的名称。
　　❑　start：表示切片的开始位置（包括该位置），如果不指定，则默认为 0。
　　❑　end：表示切片的结束位置（不包括该位置），如果不指定，则默认为序列的长度。

❑ Step：表示切片的步长，如果省略，则默认为 1。若省略该步长，最后一个冒号也可以省略。

【实例 4-2】在下列序列中，获取第二个到第五个元素，以及获取第一个、第三个、第五个元素。

源程序如下：

```
SI4_2.py ×
1    lem = ["一", "二", "三", "四", "五", "六", "七", "八", "九"]
2    print(lem[1:5])
3    print(lem[0:5:2])
```

程序运行结果如下：

```
['二', '三', '四', '五']
['一', '三', '五']
```

4.2.3 序列相加

在 Python 语言中，对于两个相同类型的序列，可以使用加（+）运算符将它们连接起来，构成一个更长的新序列。

【实例 4-3】将两个序列连接成一个新的序列。
源程序如下：

```
SI4_3.py ×
1    lem1 = ["一", "二", "三", "四", "五", "六", "七", "八", "九"]
2    lem2 = ["红", "橙", "黄", "绿", "蓝", "紫", "灰", "白"]
3    print(lem1 + lem2)
```

程序运行结果如下：

```
['一', '二', '三', '四', '五', '六', '七', '八', '九', '红', '橙', '黄', '绿', '蓝', '紫', '灰', '白']
```

相同类型是指同为序列，不是指数据类型。见下面的实例。

【实例 4-4】将两个数据类型不同的序列连接成为一个新的序列。
源程序如下：

```
SI4_4.py ×
    lem1 = [1, 2, 3, 4, 5, 6, 7, 8]
    lem2 = ["红色", "橙色", "黄色", "绿色", "蓝色", "紫色", "灰色", "白色"]
    print(lem1 + lem2)
```

程序运行结果如下：

```
[1, 2, 3, 4, 5, 6, 7, 8, '红色', '橙色', '黄色', '绿色', '蓝色', '紫色', '灰色', '白色']
```

两个序列数据类型不同，系统发出警告，但程序依然运行成功。

4.2.4 将一个序列乘以一个正整数

【实例 4-5】将一个序列乘以一个正整数之后，获得一个新的序列。
源程序如下：

```
SI4_5.py ×
1    lem = ["我钟爱", "Python!"]
2    print(lem * 3)
```

程序运行结果如下：

```
['我钟爱', 'Python!', '我钟爱', 'Python!', '我钟爱', 'Python!']
```

4.2.5 检查某个元素是否是序列中的成员

在 Python 中，可以使用 in 关键字检查某个元素是否是序列的成员，即检查序列中是否包含某个元素。
使用格式如下：

```
value in sequence
```

其中，value 表示要检查的元素，sequence 表示指定的序列。
检查结果用逻辑值 True 表示。

【实例 4-6】编程检查"灰色"是否在色彩序列中。
源程序如下：

```
SI4_6.py ×
1    lem = ["红色", "橙色", "黄色", "绿色", "蓝色", "紫色", "灰色", "白色"]
2    print("灰色" in lem)
```

程序运行结果如下：

```
True
```

将"灰色"修改成"黑色"试试。
源程序如下：

```
SI4_6.py ×
1    lem = ["红色", "橙色", "黄色", "绿色", "蓝色", "紫色", "灰色", "白色"]
2    print("黑色" in lem)
```

程序运行结果如下：

```
False
```

Python 中内置对序列进行处理的函数，如计算序列的长度（元素个数）、最大值、最小值等。计算序列的元素个数用 len() 函数；返回序列中的最大元素用 max() 函数；

返回序列中的最小元素用 min() 函数。

【实例 4-7】编程计算序列的长度并返回序列中的最大值和最小值。

源程序如下：

```
SI4_7.py ×
1    num = [8, 16, 24, 32, 40, 48, 56, 64, 72]
2    print("序列num的长度为：", len(num))
3    print("序列", num, "中的最大值为：", max(num))
4    print("序列", num, "中的最小值为：", min(num))
```

程序运行结果如下：

```
序列num的长度为： 9
序列 [8, 16, 24, 32, 40, 48, 56, 64, 72] 中的最大值为： 72
序列 [8, 16, 24, 32, 40, 48, 56, 64, 72] 中的最小值为： 8
```

自我检测题

一、单一选择题

1. Python 语言中关于序列的描述正确的是（   ）。

　　A. 序列只包括列表、元组和字典

　　B. 序列在数学中称为数列

　　C. 两个数据类型不同的序列不可以连接成一个新的序列

　　D. 两个数据类型不同的序列可以连接成一个新的序列，系统不会发出警告

2. 在 Python 语言中，序列成员的编号称为索引，关于它的值的说法正确的是（   ）。

　　A. 可以是负数

　　B. 从 1 开始

　　C. 是不确定的

　　D. 是递减的

3. 有一个序列 lem=['A', 'B', 'C', 'D', 'E', 'F', 'G']，print(lem[1:5:2]) 的输出结果是（   ）。

　　A. ['B', 'C', 'D', 'E']

　　B. ['A', 'B', 'C', 'D']

　　C. ['A', 'C', 'E']

　　D. ['B', 'D']

4. 在 Python 语言中，输出 5 个星号（＊）最好的做法应该是（   ）。

　　A. print('*', '*', '*', '*', '*')

　　B. print(*, *, *, *, *)

　　C. print('*'*5)

　　D. print((*)*5)

5. 在 Python 语言中，可以使用 in 关键字检查某个元素是否是序列的成员，检查的结果

是（　　）。

    A. 序列成员的值

    B. 序列成员的个数

    C. 序列的长度值

    D. 逻辑值

二、填空题

1. 在序列中切片是获取指定元素形成一个新序列的做法之一，print(lem[1:5]) 可以切出的元素序列是第_____元素至第_____元素。

2. 在 Python 语言中，将两个序列相加需要相同的类型，此类型是指同为_____，不是指元素的_____相同。

3. 在 Python 语言中，将一个序列乘以一个_____之后，可以获得一个将原序列_____多次的新序列。

4. 在 Python 语言中，返回序列元素个数所采用的函数为_____，返回序列中最大元素所采用的函数为_____。

5. 在 Python 语言中，用 in 检查某个元素存在于序列中反馈的结果用_____表示，检查某个元素不存在于序列中反馈的结果用_____表示。

第 5 章

列表

5.1 列表的概念

列表是 Python 中内置的可变序列，它的所有元素都放在一对中括号（[]）中，两个相邻元素用半角逗号（,）分隔。在内容上，可以将整数、实数、字符串、列表、元组等任何类型的内容放入其中，而且元素的类型可以不同，因为它们之间没有任何关系。可见 Python 的列表十分灵活，与其他编程语言不同。

5.2 列表的基本操作

5.2.1 列表的创建

列表可以用赋值运算符直接创建，也可以用此法创建没有数据的空列表，或者用 list() 函数和 range() 函数创建数值列表。例如：

```
listname = [element 1,element 2,…,element n]
```

创建了一个 listname 为列表名，"element 1,element 2,…,element n" 为元素的列表。

```
emptylist = []
```

创建了一个 emptylist 为列表名的空列表。

```
list(range(10,20,2))
```

创建了一个包含 10、12、14、16、18 的偶数列表。（注意：其中不包括 20。）

5.2.2 访问列表元素

可以直接使用 print() 函数访问列表中的元素。

【实例 5-1】编程输出水果列表中的全部水果名称和索引为 3 的水果名称。
源程序如下：

```
Sl5_1.py
1    fruits = ['苹果', '香蕉', '桃子', '草莓', '梨子', '葡萄']
2    print(fruits)
3    print(fruits[3])
```

程序运行结果如下：

```
['苹果', '香蕉', '桃子', '草莓', '梨子', '葡萄']
草莓
```

由运行结果可以看出，直接用列表名输出是带中括号的。列表元素的索引是从 0 开始的，所以索引 3 输出的是第 4 个元素。如果输出的列表元素是列表中的单个元素，不带中括号，如果是字符串，不带元素的引号。

还可以用 for…in 循环遍历列表并输出。

【实例5-2】编程用 for…in 循环遍历列表方式输出联合国 5 个常任理事国的名称。
源程序如下：

```
📄 SI5_2.py ×
1    print("联合国常任理事国是：")
2    team = ["美国", "英国", "法国", "俄罗斯", "中国"]
3    for item in team:
4        print(item)
```

程序运行结果如下：

```
联合国常任理事国是：
美国
英国
法国
俄罗斯
中国
```

5.2.3　对列表元素进行添加、修改和删除

对列表元素进行添加、修改和删除也称为列表的更新。

添加列表元素可以采用列表对象的 append() 方法实现，新的元素将追加到列表的
末尾。

使用格式如下：

```
listname.append(obj)
```

其中，listname 为要添加元素的列表名称，obj 为要添加到列表末尾的元素。

【实例5-3】编程在一个有 4 个元素的水果列表中添加一个水果元素到列表末尾。
源程序如下：

```
📄 SI5_3.py ×
1    fruits = ["苹果", "香蕉", "蕃茄", "草莓"]
2    fruits.append("葡萄")
3    print(fruits)
```

程序运行结果如下：

```
['苹果', '香蕉', '蕃茄', '草莓', '葡萄']
```

尽管用 +（加号）也可以实现列表的连接，但运行比直接用列表对象的 append() 方法慢。

如果希望将一个列表追加到另外一个列表后面，可以使用列表对象的 extend() 方法
实现，使用格式如下：

```
listname.extend(seq)
```

其中，listname 为原列表，seq 为要添加的列表。

【**实例 5-4**】编程在一个有 4 个元素的水果列表中添加一个新的水果列表到列表末尾。

源程序如下：

```
SI5_4.py ×
1    fruits1 = ["苹果", "香蕉", "桃子", "草莓"]
2    fruits2 = ["梨子", "葡萄", "番茄"]
3    fruits1.extend(fruits2)
4    print(fruits1)
```

程序运行结果如下：

```
['苹果', '香蕉', '桃子', '草莓', '梨子', '葡萄', '番茄']
```

如果修改列表的元素，只需要通过索引获取该元素，然后为其赋予新值即可。

【**实例 5-5**】编程在一个有 7 个元素的水果列表中将"番茄"改为"西红柿"。

源程序如下：

```
SI5_5.py ×
1    fruits = ["苹果", "香蕉", "梨子", "葡萄", "番茄", "桃子", "草莓"]
2    fruits[4] = "西红柿"
3    print(fruits)
```

程序运行结果如下：

```
['苹果', '香蕉', '梨子', '葡萄', '西红柿', '桃子', '草莓']
```

如果想要删除某位置的元素，可以使用 del 语句实现。如果想要删除一个不能确定其位置的元素，可以使用列表对象的 remove() 方法实现。为防止要删除的元素不存在，可以先判断一下该元素是否存在，若存在则将其删除。

【**实例 5-6**】编程在一个水果列表中将"番茄"删除。

源程序如下：

```
SI5_6.py ×
1    fruits = ["苹果", "香蕉", "梨子", "葡萄", "番茄", "桃子", "草莓"]
2    value = "番茄"
3    if fruits.count(value) > 0:
4        fruits.remove(value)
5    print(fruits)
```

程序运行结果如下：

```
['苹果', '香蕉', '梨子', '葡萄', '桃子', '草莓']
```

对列表元素进行删除处理还有一种特殊方法，即用列表的 pop() 方法将指定位置的元素从列表中"弹出"。如果省略位置参数，它会默认将最后一个元素"弹出"。下面补充一例予以说明。

【**实例 5-7**】编程用列表的 pop() 方法将指定位置的元素从列表中"弹出"。
源程序如下：

```
SI5_7.py ×
1    a = [0, 1, 2, 3, 4, 5, 6, 7, 8, 9, 10]
2    a.pop()
3    print(a)
4    deleted = a.pop(5)
5    print(a, deleted)
```

程序运行结果如下：

```
[0, 1, 2, 3, 4, 5, 6, 7, 8, 9]
[0, 1, 2, 3, 4, 6, 7, 8, 9] 5
```

由运行结果可以看出，第一次采用了默认参数 -1，将最后的 10 "删除"了，第二次采用了 deleted = a.pop(5)，将第 6 个元素 5 "删除"，后面将该元素显示出来，说明不是真正的删除，而是将其"弹出"。

5.2.4 对列表元素进行统计、计算

Python 的列表提供了一些内置函数来实现统计、计算方面的功能。

使用列表对象的 count() 方法可以获取指定元素在列表中出现的次数。使用格式如下：

```
listname.count(obj)
```

其中，listname 为列表的名称，obj 表示要判断是否存在的元素（这里需要精确匹配），函数的返回值是元素在列表中出现的次数。

【**实例 5-8**】编程统计某数在列表中出现的次数。
源程序如下：

```
SI5_8.py ×
1    number = [98, 99, 97, 100, 98, 96, 94, 98, 89, 95]
2    num = number.count(98)
3    print(num)
```

程序运行结果如下：

```
3
```

运行结果表明，数字 98 在列表中出现了 3 次。

使用列表对象的 index() 方法可以获取指定元素在列表中首次出现的位置（即索引）。使用格式如下：

```
listname.index(obj)
```

其中，listname 为列表的名称，obj 表示要查找的元素（这里需要精确匹配），函

数的返回值是元素在列表中首次出现的索引值。

【实例 5-9】编程在水果列表中判断元素"番茄"出现的位置。

源程序如下：

```
SI5_9.py ×
1    fruits = ["苹果", "香蕉", "梨子", "葡萄", "番茄", "桃子", "草莓"]
2    position = fruits.index("番茄")
3    print(position)
```

程序运行结果如下：

```
4
```

运行结果表明，"番茄"元素在水果列表中首次出现的索引位置是 4。

Python 语言提供了 sum() 函数，用于统计数值列表中各元素的和。使用格式如下：

```
sum(iterable)
```

其中，iterable 为要统计的列表。

【实例 5-10】编程统计 10 名学生的成绩之和。

源程序如下：

```
SI5_10.py ×
1    score = [98, 99, 97, 100, 98, 96, 94, 98, 89, 95]
2    total = sum(score)
3    print("总成绩为: ", total)
```

程序运行结果如下：

```
总成绩为:  964
```

5.2.5 对列表元素进行排序

对列表元素进行排序的方法有两种：采用对象的 soft() 方法和采用内置函数 softed()。

【实例 5-11】将 10 名学生的成绩按要求进行排列。

源程序如下：

```
SI5_11.py ×
1    score = [98, 99, 97, 100, 86, 96, 94, 78, 89, 95]
2    print("原列表: ", score)
3    score.sort()
4    print("升 序: ", score)
5    score.sort(reverse=True)
6    print("降 序: ", score)
```

程序运行结果如下：

```
原列表: [98, 99, 97, 100, 86, 96, 94, 78, 89, 95]
升  序: [78, 86, 89, 94, 95, 96, 97, 98, 99, 100]
降  序: [100, 99, 98, 97, 96, 95, 94, 89, 86, 78]
```

sorted() 函数的使用格式如下：

```
sorted(iterable,key=None, reverse=False)
```

各参数说明如下：

❑ iterable 为要进行排序的列表名称。

❑ key 用于指定排序规则（例如，key=str.lower 表示在排序时不区分字母大小写）。

❑ reverse 为可选参数，如果指定为 True，则表示按降序排列；如果指定为 False，则表示按升序排列。默认为按升序排列。

【实例 5-12】将联合国 5 个常任理事国按英文名称降序排列。

源程序如下：

```
SI5_12.py ×
1    grade = ["America", "Britain", "France", "Russia", "China"]
2    grade_as = sorted(grade, reverse=True)
3    print("原  序: ", grade)
4    print("降  序: ", grade_as)
```

程序运行结果如下：

```
原  序: ['America', 'Britain', 'France', 'Russia', 'China']
降  序: ['Russia', 'France', 'China', 'Britain', 'America']
```

5.2.6 列表推导式

使用列表推导式可以快速生成一个新列表，或者根据某个列表生成一个满足指定需求的新列表。

列表推导式通常有如下三种使用格式：

1）生成指定范围的数值列表

具体格式为：

```
list name = [Expression for var in range]
```

各参数说明如下：

❑ list name 为生成的列表名称。

❑ Expression 为计算新列表元素的表达式。

❑ var 为循环变量。

❑ range 为采用 range() 函数生成的 range 对象。

【实例 5-13】编程生成一个在 10 到 100（包括在内）之间的 10 个随机数的列表。

源程序如下：

```
SI5_13.py ×
1    import random
2    randomnumber = [random.randint(10, 100) for i in range(10)]
3    print("生成的随机数为： ", randomnumber)
```

程序运行结果如下：

生成的随机数为： [44, 80, 37, 66, 14, 13, 10, 11, 49, 82]

2）根据列表生成指定需求的新列表

具体格式为：

```
newlist name= [Expression for var in list]
```

各参数说明如下：

❑ newlist name 为生成的新列表名称。

❑ Expression 为计算新列表元素的表达式。

❑ var 为变量，值为后面列表中每个元素的值。

❑ list 为用于生成新列表的原列表。

【实例5-14】定义一个记录商品价格的列表，然后应用列表推导式编程生成一个将全部商品打五折的新列表。

源程序如下：

```
SI5_14.py ×
1    price = [1200, 5330, 2988,6200, 1998, 8888]
2    sale = [int(x * 0.5) for x in price]
3    print("原价格： ", price)
4    print("打五折后的价格： ", sale)
```

程序运行结果如下：

原价格： [1200, 5330, 2988, 6200, 1998, 8888]
打五折后的价格： [600, 2665, 1494, 3100, 999, 4444]

3）从列表中选择符合条件的元素组成新列表

具体格式为：

```
newlist  name= [Expression for var in list if condition]
```

各参数说明如下：

❑ newlist name 为生成的新列表名称。

❑ Expression 为计算新列表元素的表达式。

❑ var 为变量，值为后面列表中每个元素的值。

❑ list 为用于生成新列表的原列表。

❑ condition 为用于指定筛选条件的表达式。

【实例 5-15】定义一个记录商品价格的列表，然后应用列表推导式编程生成一个商品价格高于 2000 元的新列表。

源程序如下：

```
SI5_15.py ×
1    price = [1200, 5330, 2988,6200, 1998, 8888]
2    sale = [x for x in price if x > 2000]
3    print("原价格: ", price)
4    print("价格高于2000的: ", sale)
```

程序运行结果如下：

```
原价格： [1200, 5330, 2988, 6200, 1998, 8888]
价格高于2000的： [5330, 2988, 6200, 8888]
```

自我检测题

一、单一选择题

1. 在 Python 语言中，关于列表元素的说法正确的是（   ）。
   A. 元素的数据类型必须相同
   B. 元素的数据类型可以不同
   C. 元素之间有密切关系
   D. 元素只可以是整数和实数

2. 在 Python 语言中，关于列表输出元素的说法正确的是（   ）。
   A. 索引为 3，输出的是第 3 个元素
   B. 输出的是第几个元素要在运行后才能确定
   C. 输出的元素一律要用中括号括起来
   D. 输出元素是字符串，两侧不带引号

3. 在 Python 语言中，关于列表的说法描述不正确的是（   ）。
   A. 列表是不可变的数据类型
   B. 列表是一个有序序列，没有固定的大小
   C. 列表可以存放任意类型的元素
   D. 使用列表时，索引值可以是负值

4. 以下程序的输出结果正确的是（   ）。（提示：'a' 的 ASCII 码值 97。）

```
list_a = [1,2,3,4, 'a']
print(list_a[1], list_a[4])
```

A. 1   4
B. 1   a
C. 2   a

D. 2　97

5. 执行下面的操作之后，list_b 的值是（　　　）。

```
list_a = [1,2,3]
list_b = list_a
list_a[2] = 4
```

A. [1,2,3]

B. [1,4,3]

C. [1,2,4]

D. 都不正确

二、填空题

1. 如果要从大到小排列列表元素，可以使用＿＿＿＿方法实现。

2. 直接用列表对象的 append() 方法和用加号都可以实现列表的＿＿＿＿，但前者运行速度要比后者更＿＿＿＿。

3. 表达式 "[3] in [1,2,3,4]" 的值为＿＿＿＿。

4. 编程用列表对象的 pop() 方法，可以将指定位置的元素从列表中＿＿＿＿并会将其＿＿＿＿。

5. 有以下程序：

```
list_a=[1, 2, 1, 3]
nums = sorted(list_a)
for i in nums:
    print(i, end= "")
```

运行结果是＿＿＿＿。

第 6 章

元组、字典与集合

6.1　元组

元组（tuple）是 Python 中另一个重要的序列结构，与列表类似，也是由一系列按特定顺序排列的元素组成。所不同的是元组中的元素不能改变，所以元组也可以称为不可变的列表。在形式上，元组的所有元素都放在一对小括号中，两个相邻元素之间使用半角逗号分隔。在内容上，可以将整数、实数、字符串、列表、元组等任何类型的内容放入元组中，并且元素的类型可以不同。这是因为它们之间没有任何关系。通常情况下，元组用于保存程序中不可修改的内容。

下面元组都是合法的：

```
num=(6,12,18,24,30,36,42,48,54)
team=("红色","橙色","黄色","绿色","青色","蓝色","紫色")
untitle=('Python',35,["红色","橙色","黄色","绿色"],("青色","蓝色",
"紫色"))
```

实际上，小括号并不是必需的，只要将一组值用英文逗号分隔开，Python 就会认为它是元组。

创建元组和删除元组的方法跟列表相似，不同的是，元组使用的是小括号，列表使用的是中括号。

【**实例 6-1**】使用 tuple() 函数直接将 range() 函数循环出来的 10 到 20 之间（不包括 20）的所有偶数创建一个元组。

源程序如下：

```
SI6_1.py ×
1    data = tuple(range(10, 20, 2))
2    print("新生成的元组是：", data)
```

程序运行结果如下：

```
新生成的元组是：  (10, 12, 14, 16, 18)
```

在 Python 语言中，如果想输出元组的内容，可以直接使用 print() 函数。

【**实例 6-2**】访问元组元素。

源程序如下：

```
SI6_2.py ×
1    untitle = ('Python', 35, ["红色", "橙色", "黄色", "绿色"], ("青色", "蓝色", "紫色"))
2    print(untitle)
3    print(untitle[0])
4    print(untitle[:3])
```

程序运行结果如下：

```
('Python', 35, ['红色', '橙色', '黄色', '绿色'], ('青色', '蓝色', '紫色'))
Python
('Python', 35, ['红色', '橙色', '黄色', '绿色'])
```

元组是不可变序列，不可以修改，只能重新赋值。可以对元组进行连接组合，但连接的内容必须都是元组。

【实例 6-3】元组连接。

源程序如下：

```
SI6_3.py ×
1    fruits1 = ("苹果", "香蕉", "桃子", "草莓")
2    fruits2 = fruits1 + ("梨子", "葡萄", "番茄")
3    print(fruits2)
```

程序运行结果如下：

```
('苹果', '香蕉', '桃子', '草莓', '梨子', '葡萄', '番茄')
```

元组推导式与列表推导式相似，这里不再重复。

元组的元素不可以修改，这是与列表的重要区别。即使元组也可以使用切片访问元素，但不能修改元素的值。元组比列表的访问和处理的速度快，如果是只对其中的元素进行访问而不进行任何修改的情况，建议优先使用元组。

6.2　字典

字典和列表类似，也是可变序列。与列表不同的是，它是无序的。字典保存的内容是以"键值对"的形式存放的。这相当于汉字输入法，编码就是"键"（key），对应的汉字就是"值"（value）。"键"是唯一的，"值"可以有多个，这就相当于输入法的重码。

字典的主要特征包括：

❑　获取指定项是通过键而不是通过索引来读取。

❑　字典中的各项是从左到右随机无序排列的，即保存在字典中的项没有特定的顺序，这样可以提高查找效率。

❑　字典是可变的，可以在原处增长或缩短，并且可以任意嵌套。

❑　字典中的键必须是唯一的，如果出现两次，系统只会记住后面的值。

❑　字典中的键是不可变的，可以使用数字、字符串或者元组，不能使用列表。

定义字典时，每个元素都包含"键"和"值"两部分，用英文冒号分隔，所有元素放在一对英文大括号之中。使用格式如下：

```
dictionary = {'key1': 'value1', 'key2': 'value2',···, 'keyn': 'valuen',}
```

各参数说明如下：

❑　dictionary 为字典名称。

❑　key1，key2，…，keyn 为元素的键，必须是唯一不可变的，可以是数字、字符串或者元组。

❑　value1，value2，…，valuen 为元素的值，可以是任何数据类型，不必唯一。

【实例 6-4】创建一个保存姓名（name）、电话号码（tel）、QQ 的通讯录字典。

源程序如下：

```
SI6_4.py ×
1    dictionary = {'name': '张民', 'tel': '13612345678', 'QQ': '12345678'}
2    print(dictionary)
```

程序运行结果如下：

```
{'name': ' 张民 ', 'tel': '13612345678', 'QQ': '12345678'}
```

因为字典是以"键值对"的形式存储数据的，所以，在使用字典时需要获取这些"键值对"。Python 提供了遍历字典的方法，可以使用字典对象的 items() 方法获取字典中的全部"键值对"。

【实例 6-5】遍历字典获取元组列表的"键值对"。

源程序如下：

```
SI6_5.py ×
1    dictionary = {'name': '张民', 'tel': '13612345678', 'QQ': '12345678'}
2    for item in dictionary.items():
3        print(item)
```

程序运行结果如下：

```
('name', '张民')
('tel', '13612345678')
('QQ', '12345678')
```

由于字典是可变序列，所以可以随时在其中添加"键值对"。向字典中添加元素的使用格式如下：

```
dictionary[key] = value
```

【实例 6-6】用 dict() 函数创建一个通讯录字典，在其中增加一个电子邮箱号码，并修改 QQ。

源程序如下：

```
SI6_6.py ×
1    dictionary = dict((('name', '张民'), ('tel', '13612345678'), ('QQ', '12345678')))
2    print(dictionary)
3    dictionary["email"] = "zm@126.com"
4    print(dictionary)
5    dictionary["QQ"] = "87654321"
6    print(dictionary)
```

程序运行结果如下：

```
{'name': '张民', 'tel': '13612345678', 'QQ': '12345678'}
{'name': '张民', 'tel': '13612345678', 'QQ': '12345678', 'email': 'zm@126.com'}
{'name': '张民', 'tel': '13612345678', 'QQ': '87654321', 'email': 'zm@126.com'}
```

从运行结果可以看到，用 dict() 函数将"键值对"作为参数也可以创建字典，用

dictionary[key] = value 可以为字典添加元素，由于"键"是唯一的，不可添加相同的"键"，而是直接对该"键"的"值"作修改。

不需要字典中的某个元素时，可以用 del 命令将其删除。为了防止误删不存在的"键"，先判断要删除的元素对应的键是否存在。

【**实例 6-7**】在实例 6-6 的通讯录字典中删除 QQ 元素。

源程序如下：

```
SI6_7.py ×
1    dictionary = dict((('name', '张民'), ('tel', '13612345678'), ('QQ', '12345678')))
2    if "QQ" in dictionary:
3        del dictionary["QQ"]
4    print(dictionary)
```

程序运行结果如下：

```
{'name': '张民', 'tel': '13612345678'}
```

由运行结果可以看到，在字典 dictionary 中确实将 QQ 键的值删除了。

字典推导式与列表、元组推导式相似，只要用字典的形式即可。

6.3 集合

Python 中的集合是用于保存不重复元素的。由于集合中的每个元素都是唯一的，所以集合的最好应用是去重复。

在 Python 中，可以使用 set() 函数将列表、元组、range 等对象转换为集合。另外，对象也可以是字符串，此时返回的将是包含全部不重复字符的集合。

set() 函数的使用格式如下：

```
setname = set(iteration)
```

其中，setname 为集合名称，iteration 为集合的对象。

【**实例 6-8**】用 set() 函数创建集合。

源程序如下：

```
SI6_8.py ×
1    set1 = set("我钟爱程序设计，因为程序设计可以培养我们的计算思维。")
2    set2 = set([1.414, 1.732, 2.236, 3.14159])
3    set3 = set(('学习程序设计', '学习程序设计', '我首选Python'))
4    print(set1)
5    print(set2)
6    print(set3)
```

程序运行结果如下：

```
{'培', '维', '，', '程', '钟', '。', '我', '为', '计', '们', '养', '的', '可', '因', '设', '思', '算', '序', '爱', '以'}
{1.414, 2.236, 3.14159, 1.732}
{'学习程序设计', '我首选Python'}
```

从运行结果可以看出：

第一句中对象是字符串，相同的字符只保留了一个，其他字符无序排列。

第二句中对象是列表，将整数部分相同的 1.732 提出来放在最后。

第三句中对象是元组，排除了重复的元素'学习程序设计'，并将重复的放在最后不输出。

集合是可变序列，所以在创建集合之后，还可以对其添加和删除元素。

向集合添加元素可以使用集合的 add() 方法实现。使用格式如下：

```
setname.add(element)
```

其中，setname 为要添加元素的集合名称，element 为要添加的元素。

【**实例** 6-9】用 add() 方法添加集合元素。

源程序如下：

```
SI6_9.py ×
1    mr = set(['C++程序设计任务导引教程', 'C#程序设计任务导引教程', 'VB.NET程序设计任务导引教程'])
2    mr.add('Python程序设计任务导引教程')
3    print(mr)
```

程序运行结果如下：

```
{'C#程序设计任务导引教程', 'C++程序设计任务导引教程', 'Python程序设计任务导引教程', 'VB.NET程序设计任务导引教程'}
```

从运行结果可以看出，元素已被正确添加。

可以添加的内容只限于字符串、数字、布尔类型的 True 或者 False 及元组等不可变对象，不可添加列表、字典等可变对象。

在 Python 中，可以使用 del 命令删除整个集合，也可以使用集合的 pop() 方法或者 remove() 方法删除一个元素，或者使用集合的 clear() 方法删除全部元素，清空集合。

【**实例** 6-10】删除集合元素。

源程序如下：

```
SI6_10.py ×
1    mr = set(['C++程序设计教程', 'C#程序设计教程', 'VB.NET程序设计教程', 'Python程序设计教程'])
2    mr.remove('C#程序设计教程')
3    print('使用remove()方法删除指定元素后：', mr)
4    mr.pop()
5    print('使用pop()方法删除第一个元素后：', mr)
6    mr.clear()
7    print('使用clear()方法清空集合后：', mr)
```

程序运行结果如下：

```
使用remove()方法删除指定元素后： {'VB.NET程序设计教程', 'C++程序设计教程', 'Python程序设计教程'}
使用pop()方法删除第一个元素后： {'C++程序设计教程', 'Python程序设计教程'}
使用clear()方法清空集合后： set()
```

从运行结果可以看出，remove() 方法用于删除指定元素，pop() 方法用于删除第一个元素，clear() 方法用于删除全部元素，清空集合。

如果删除的元素不存在，系统会报错。可以增加 if 语句进行判断，防止删除出错。具体方法跟前面类似，这里不再重复。

集合最常用的操作就是进行交集、并集和差集运算。

交集运算使用 & 符号，并集运算使用 | 符号，差集运算使用 - 符号。

【实例 6-11】集合的交集、并集、差集运算。

源程序如下：

```
SI6_11.py ×
1    pf = set(['苹果', '香蕉', '西红柿', '葡萄'])
2    print('经常吃的水果有：', pf, '\n')
3    qf = set(['黄瓜', '西红柿', '青菜', '茄子'])
4    print('经常吃的蔬菜有：', qf, '\n')
5    print('交集运算：', pf & qf)
6    print('并集运算：', pf | qf)
7    print('差集运算：', pf - qf)
```

程序运行结果如下：

经常吃的水果有： {'葡萄', '苹果', '香蕉', '西红柿'}

经常吃的蔬菜有： {'茄子', '黄瓜', '西红柿', '青菜'}

交集运算： {'西红柿'}
并集运算： {'茄子', '西红柿', '黄瓜', '青菜', '苹果', '葡萄', '香蕉'}
差集运算： {'香蕉', '苹果', '葡萄'}

从运行结果可以看出，两个序列的交集运算是"水果"和"蔬菜"共有的重复元素"西红柿"；并集运算是除去重复元素的两个序列元素的合并；差集运算是水果序列减去重复元素剩下的元素的集合。

列表、元组、字典、集合的比较如表 6-1 所示。

表 6-1　　列表、元组、字典、集合的比较

数据结构	是否可变	是否重复	是否有序	定义符号
列表	可变	可重复	有序	[]
元组	不可变	可重复	有序	()
字典	可变	可重复	无序	{key:value}
集合	可变	不可重复	无序	{}

自我检测题

一、单一选择题

1. 关于元组的论述不正确的是（　　　）。
   A. 可以用下标索引来访问元素的值
   B. 元素的值不允许修改
   C. 使用大括号包含元素
   D. 元素之间用逗号分隔

2. 关于元组进行连接组合的正确说法是（   ）。

    A. 连接的内容只能是整数和实数

    B. 连接的内容可以是列表类型

    C. 连接的内容可以是任何类型

    D. 连接的内容必须都是元组

3. 在 Python 语言中，关于字典结构的说法错误的是（   ）。

    A. 它是由"键值对"组成的

    B. "键"可以是任何数据

    C. "键"不可以使用可变数据类型

    D. "值"可以取任何数据类型

4. 关于集合的结构，不正确的说法是（   ）。

    A. 集合的元素可以重复

    B. 集合的元素类型只能是固定的数据类型

    C. 集合的元素不能是列表、字典

    D. 集合是 0 个或多个数据项的无序组合

5. 在 Python 语言中，要随机删除字典中的"键值对"，应该使用下列哪个方法（   ）。

    A. pop

    B. popitem

    C. del

    D. clear

二、填空题

1. 在 Python 语言中，字典和集合都是使用一对_____作为界定符，字典的每个元素都是由"键"和"值"两部分组成，其中不可重复的是_____。

2. 在 Python 语言中，使用字典对象的_____方法可以返回字典的"键值对"，使用字典对象的_____方法可以返回字典的"键"，使用字典对象的_____方法可以返回字典的"值"。

3. 字典和集合的定义方式相同，但它们最大的区别在于：集合中的元素_____，只能是的数据类型。

4. 使用 fromkeys() 方法创建字典，执行下面代码后运行的结果为_____。

```
pet_dict = dict.fromkeys(['weight', 'height'])
print(pet_dict)
```

5. 下面程序段的运行结果是_____。

```
b_set = {2, 1, 3, 4, 1, 2}
print(b_set)
```

第 7 章

函数

在 Python 中，函数的应用十分广泛。前面多次接触过的用于输出的 print() 函数、用于输入的 input() 函数、用于生成一系列整数的 range() 函数，这些都是 Python 的内置标准函数，可以直接使用。Python 还支持自定义函数，即通过将一段有规律的、重复的代码定义为函数，达到一次编写多次调用的目的，用以提高代码的重复利用率。

7.1 函数的创建和调用

创建函数也称为定义函数，使用关键字 def 实现。具体使用格式如下：

```
def functionname([parameterlist]):
    [```comments```]
    [functionbody]
```

各参数说明如下：
- ❏ functionname 为函数名称，在调用函数时使用。
- ❏ parameterlist 用于指定向函数中传递的参数，是可选的。若有多个参数，用逗号分隔。如果不指定，则表示函数是无参数的。即使是无参数的，小括号也不能省略。
- ❏ ```comments``` 表示为函数指定注释，用于说明该函数的功能、要传递的参数的作用等，为用户提供提示和帮助的内容。此参数也是可选的。
- ❏ functionbody 用于指定函数体，是函数被调用后要执行的功能代码。如果函数有返回值，可以使用 return 语句返回。此参数也是可选的。

函数体"functionbody"和注释"```comments```"相对于 def 关键字必须保持一定的缩进。

如果把创建的函数理解为创建了一个具有某种功能的工具，那么调用函数相当于使用该工具。调用函数的使用格式如下：

```
functionname([parameterlist])
```

参数的含义见前面的介绍，如果没有参数，可直接使用一对小括号。

【实例 7-1】用函数调用根据身高（height，单位米）和体重（weight，单位千克），计算体质指数 BMI，并输出结果。

源程序如下：

```
Sl7_1.py
1    def fun_bmi(height, weight):
2        print("你的身高: "+str(height) + "米 \t 体重: "+str(weight) + "千克")
3        bmi = weight / (height * height)
4        print("你的BMI指数为: "+str(bmi))
5        if bmi < 18.5:
6            print("你的体重过轻")
7        elif bmi < 24.9:
8            print("你的体重正常")
9        elif bmi < 29.9:
10           print("你的体重超重")
11       else:
12           print("肥胖")
13
14   fun_bmi(1.76, 60)
```

程序运行结果如下：

你的身高：**1.76**米　　体重：**60**千克
你的BMI指数为：**19.369834710743802**
你的体重正常

函数与数字、字符串一样，都可以用变量来代表。当变量代表函数时，只需函数名，后面不使用小括号。

【实例 7-2】 用变量代表函数。
源程序如下：

```
7_2.py ×
1    def sayHappy(name):
2        print(name+"生日快乐！")
3    sayHappy('张民')
4    sayHappy('李莉')
5    sh = sayHappy
6    sh('王朝')
```

程序运行结果如下：

张民生日快乐！
李莉生日快乐！
王朝生日快乐！

【实例 7-3】 用"冒泡法"将 6 个已知整数按升序排列。
分析：

例如有数列 9、8、5、6、2、0，分析"冒泡法"排序的原理。在一列中排列的情况如图 7-1 所示。

第一轮将第一个数 9 跟第二个数 8 比较，9 比 8 大，两数交换；再将新的第二个数 9 跟第三个数 5 比较，9 比 5 大，两数交换；然后将新的第三个数 9 跟第四个数 6 比较，9 比 6 大，两数交换；然后将新的第四个数 9 跟第五个数 2 比较，9 比 2 大，两数交换；最后将新的第五个数 9 跟第六个数 0 比较，9 比 0 大，两数交换；这样，第一轮经过五次比较，6 个整数中最大的数 9 就"下沉"到底部。经过第一轮比较，6 个数的排列情况如图 7-1 中的第二列所示。由以上分析可知，第二轮余下的 5 个数总共需要比较 4 次，比较结果如图 7-1 中的第三列所示；第三轮余下的 4 个数总共需要比较 3 次，比较结果如图 7-1 中的第四列所示；第四轮余下的 3 个数总共需要比较 2 次，比较结果如图 7-1 中的第五列所示；第五轮余下的两个数总共需要比较 1 次，比较结果如图 7-25 中的第六列所示。每次比较后，大数"下沉"，小数"上冒"，"冒泡"的含义可从中领会。

原序	第一轮	第二轮	第三轮	第四轮	第五轮
9	8	5	5	2	0
8	5	6	2	0	2
5	6	2	0	5	5
6	2	0	6	6	6
2	0	8	8	8	8
0	9	9	9	9	9

图 7-1   "冒泡法"排序示意图

如果将"轮"数用 i 表示，"次"数用 j 表示，则 6 个数的比较，代表"轮"数的 i 值的变化范围是 1 ~ 5，或者写成：$i=1$（外循环变量的初值）、$i \leqslant 6-1$（外循环变量的终值和是否继续循环的测试条件）。为了保持跟数组的下标一致，也可以写成：$i=0$、$i<6-1$。代表每一轮比较"次"数的 j 值的变化范围分别是 1 ~ 5、1 ~ 4、1 ~ 3、1 ~ 2、1 ~ 1，或者写成：$j=0$（内循环变量的初值）、$j<6-1-i$（内循环变量的终值和是否继续循环的测试条件）。

由此不难得到，用"冒泡法"将 6 个已知整数按升序排列的 N-S 图如图 7-2 所示。

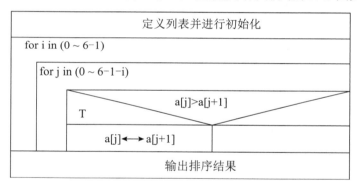

图 7-2   "冒泡法"排序的 N-S 图

在此不妨列出循环过程，以便读者加深对"冒泡法"的控制循环条件的理解，见表 7-1。

表 7-1   程序循环过程

轮次	0	1	2	3	4	5
	9	8	8	8	8	8
	8	9	5	5	5	5
1	5	5	9	6	6	6
	6	6	6	9	2	2
	2	2	2	2	9	0
	0	0	0	0	0	9

轮次	0	1	2	3	4	5
2	8	5	5	5	5	
	5	8	6	6	6	
	6	6	8	2	2	
	2	2	2	8	0	
	0	0	0	0	8	
	9	9	9	9	9	
3	5	5	5	2		
	6	6	2	5		
	2	2	6	6		
	0	0	0	0		
	8	8	8	8		
	9	9	9	9		
4	2	2	2			
	5	5	0			
	6	0	5			
	0	6	6			
	8	8	8			
	9	9	9			
5	2	0				
	0	2				
	5	5				
	6	6				
	8	8				
	9	9				

列表对象的 sort() 方法的使用格式如下：

```
listname.sort(key=None,reverse=False)
```

各参数说明如下：

❑ listname 为进行排序的列表名称。

❑ key 用于指定排序规则（例如，key=str.lower 表示在排序时不区分字母大小写）。

❑ reverse 为可选参数，如果指定为 True，则表示按降序排列；如果指定为 False，则表示按升序排列。默认为按升序排列。

源程序如下：

```
SI7_3.py ×
1    def bubble_sort(lists):
2        for i in range(len(lists)-1):
3            for j in range(len(lists)-i-1):
4                if lists[j]>lists[j+1]:
5                    lists[j], lists[j+1] = lists[j+1], lists[j]
6        return lists
7    lists = [9,8,5,6,2,0]
8    print("要排序的列表: ", lists)
9    print("冒泡排序结果: ", bubble_sort(lists))
```

程序运行结果如下：

要排序的列表: [9, 8, 5, 6, 2, 0]
冒泡排序结果: [0, 2, 5, 6, 8, 9]

7.2　参数的传递

在函数调用时存在一个主从关系，一般情况是主调函数调用被调函数，而且多数情况下都存在数据传递关系。这当然是发生在有参函数的情况下。

参数有形式参数和实际参数之分，在实例 7.2 中，"name"就是形式参数，简称"形参"；"张民"等就是实际参数，简称"实参"。

根据实际参数的类型不同，可以分为将实参的值传递给形参的"值传递"和将实参的引用传递给形参的"引用传递"两种。值传递和引用传递的基本区别在于，进行值传递以后，会改变形参的值，实参的值不会改变；而进行引用传递以后，不仅形参的值会改变，实参的值也会一同改变。

【实例 7-4】函数的值传递和引用传递。

源程序如下：

```
SI7_4.py ×
1    def demo(obj):
2        print('原值: ', obj)
3        obj += obj
4    print("========值传递========")
5    mot = "我爱编程，它能培养一丝不苟的精神。"
6    print("函数调用前: ", mot)
7    demo(mot)
8    print("函数调用后: ", mot)
9    print("========引用传递========")
10   list1 = ['苹果', '香蕉', '葡萄']
11   print("函数调用前: ", list1)
12   demo(list1)
13   print("函数调用后: ", list1)
```

程序运行结果如下：

```
========值传递========
函数调用前： 我爱编程，它能培养一丝不苟的精神。
原值： 我爱编程，它能培养一丝不苟的精神。
函数调用后： 我爱编程，它能培养一丝不苟的精神。
========引用传递========
函数调用前： ['苹果', '香蕉', '葡萄']
原值： ['苹果', '香蕉', '葡萄']
函数调用后： ['苹果', '香蕉', '葡萄', '苹果', '香蕉', '葡萄']
```

从运行结果可以看出，第一次实参是字符串，字符串是不可变序列，"obj+=obj"语句不起作用。值传递的结果，形参没有改变实参；第二次实参是列表，列表是可变序列，"obj+=obj"语句起了作用。引用传递的结果，实参发生了改变。

在 Python 中，还可以使用不定长的可变参数，即传入函数中的实际参数可以是任意个。定义可变参数的形式主要有两种：一种是 *parameter，另一种是 **parameter。

*parameter 形式表示可接受任意多个实际参数并将其放到一个元组中。

【实例 7-5】用 *parameter 形式定义函数的可变参数。

源程序如下：

```
Sl7_5.py ×
1   def printplayer(*fruits):
2       print('我喜欢的水果有： ')
3       for item in fruits:
4           print(item)
5   printplayer('苹果')
6   printplayer('苹果', '香蕉')
7   printplayer('苹果', '哈密瓜', '葡萄')
```

程序运行结果如下：

```
我喜欢的水果有：
苹果
我喜欢的水果有：
苹果
香蕉
我喜欢的水果有：
苹果
哈密瓜
葡萄
```

**parameter 形式表示可接受任意多个显式赋值的实际参数并将其放到一个字典中。

【实例 7-6】用 **parameter 形式定义函数的可变参数。

源程序如下：

```
Sl7_6.py ×
1   def printsign(**sign):
2       for key, value in sign.items():
3           print("[" + key + "] : " + value)
4   printsign(姓名='张民', 性别='男')
5   printsign(电话号码='12312345678', QQ号='87654321', 家庭地址='江西省南昌市')
```

程序运行结果如下:

```
[姓名]：张民
[性别]：男
[电话号码]：12312345678
[QQ号]：87654321
[家庭地址]：江西省南昌市
```

7.3 返回值

为函数设置返回值的作用就是将函数的处理结果返回给调用它的程序。在 Python
中，可以在函数体内使用 return 语句为函数指定返回值。该返回值可以是任意类型，
而且无论 return 语句出现在函数的什么位置，只要得到执行，就会直接结束函数的
执行。

return 语句的使用格式如下:

```
result = return [value]
```

其中，result 用于保存返回结果，如果返回的是一个值，那么 result 中保存的是返
回的这个值，该值可以是任意类型；如果返回的是多个值，那么 result 中保存的是返回
的一个元组。

value 是一个可选参数，用于指定要返回的一个值或者多个值。

当函数中没有 return 语句或者省略了 return 语句的参数时，将返回一个空值 None。

【实例 7-7】函数返回值。

源程序如下:

```
SI7_7.py ×
1   def power(x, n):
2       pow = 1
3       while n > 0:
4           pow *= x
5           n = n-1
6       return pow
7   print("power(4.6,3)=", power(4.6, 3))
```

程序运行结果如下:

```
power(4.6,3)= 97.33599999999997
```

7.4 函数的递归调用

递归调用是一种特殊的函数调用方式。在 Python 和很多高级编程语言的内部，为
了让函数发挥重要的作用，系统提供递归函数，以便让系统以符合人类思维的方式去调
用函数。了解并掌握递归函数，可以快速解决数字上的归纳推理问题。

递归也是描述问题的算法，递归的思想可以简单归结为"自己调用自己"。

例如，阶乘的定义是：$n!= n *(n-1)!$。用阶乘来定义阶乘，这种自己定义自己的方法称为递归定义。

递归是由递推和回归两个过程构成的，要求 $n!$ 先要求 $(n-1)!$；要求 $(n-1)!$ 先要求 $(n-2)!$；要求 $(n-2)!$ 先要求 $(n-3)!$……这样一直可以推到 $1!=1$，这便是递推过程，终点是 $1!=1$。有了 $1!$ 就可以求得 $2!=2*1!$，有了 $2!$ 就可以求得 $3!=3*2!$……最后，可求得 $n!= n *(n-1)!$，这便是回归过程。所以，递归问题有确定解的必定条件是 $n =1$ 时有值。

【实例 7-8】用递归调用求 $4!$。

源程序如下：

```
SI7_8.py
1  def fac(n):
2      if (n == 1):
3          y = 1
4      else:
5          y = n * fac(n-1)
6      return y
7  print("4!=", fac(4))
```

程序运行结果如下：

```
4!= 24
```

【实例 7-9】汉诺塔问题。有 a、b、c 三根柱子，a 柱上有 3 个大小不等的圆盘（汉诺塔应有 64 个圆盘，本题作了简化），大盘在下，小盘在上。要求将所有圆盘由 a 柱搬动到 c 柱上，每次只能搬动一个圆盘，搬动过程可以借助任何一根柱子，但必须满足大盘在下，小盘在上。试输出搬动的步骤。

分析：

n 个圆盘的搬动方法可以先解决 $n-1$ 个圆盘的搬动方法，$n-1$ 个圆盘的搬动方法可以先解决 $n-2$ 个圆盘的搬动方法……最后可以递推到 1 个圆盘的搬动方法。

a 柱有 1 个圆盘的情况：圆盘 a 柱→ c 柱。

a 柱有 2 个圆盘的情况：小盘 a 柱→ b 柱，大盘 a 柱→ c 柱，小盘 b 柱→ c 柱。

a 柱有 3 个圆盘的情况：

小盘 a 柱→ c 柱，中盘 a 柱→ b 柱，小盘 c 柱→ b 柱，这是第一阶段，两个圆盘借助于 c 柱由 a 柱搬到 b 柱。

大盘 a 柱→ c 柱，这是第二阶段（相当于 a 柱有 1 个圆盘的情况）。

小盘 b 柱→ a 柱，中盘 b 柱→ c 柱，小盘 a 柱→ c 柱，这是第三阶段，两个圆盘借助于 a 柱由 b 柱搬到 c 柱。

由此可知，a 柱有 3 个圆盘的情况分可为三个阶段，总共 7 次完成。

这个古典的数学问题的确是一个用递归方法求解的典型例子。

源程序如下：

```
SI7_9.py ×
1    def move(n, a, b, c):
2        if(n == 1):
3            print(a, "->", c)
4            return
5        move(n-1, a, c, b)    #把n-1个圆盘从a移动到b
6        move(1, a, b, c)      #把最后一个圆盘从a移动到c
7        move(n-1, b, a, c)    #把n-1个圆盘从b移动到c
8    move(3, 'a', 'b', 'c')
```

程序运行结果如下:

```
a -> c
a -> b
c -> b
a -> c
b -> a
b -> c
a -> c
```

由程序运行结果可以看到,搬运过程与分析得到的情况完全一致。该程序可以修改成一个通用程序。只要增加一个输入圆盘数目的语句,例如 *n*=5,就可以轻易得到搬运 5 个圆盘的方法。

7.5 匿名函数

匿名函数是指没有名字的函数,它主要应用在需要一个函数,但又不想去命名这个函数的场合。通常情况下,这样的函数只使用一次。在 Python 中,使用 lambda 表达式创建匿名函数。使用格式如下:

```
result = lambda [arg1  [,arg2,…,argn]]:expression
```

各参数说明如下:

❏ result 用于调用 lambda 表达式。
❏ [arg1 [,arg2,…,argn]] 为可选参数,用于指定要传递的参数列表,多个参数之间使用半角逗号分隔。
❏ expression 为必选参数,用于指定一个实现具体功能的表达式。如果有参数,在该表达式中将应用这些参数。

【实例 7-10】匿名函数应用。
源程序如下:

```
SI7_10.py ×
1    import math
2    r = 10
3    result = lambda r: math.pi*r*r
4    print('半径为', r, '的圆面积为: ', result(r))
```

程序运行结果如下:

半径为 10 的圆面积为: 314.1592653589793

由程序运行结果可以看到，计算圆面积的公式 math.pi*r*r 为 lambda 的表达式，其中 r 为参数，这就是一个匿名函数。result 用于调用 lambda 表达式，调用的结果是执行表达式，计算得到圆的面积。表达式中使用了 pi，所以程序开始，要用 import math 导入 math 空间。

lambda 表达式的主要用途是指定简单、短小的回调函数。

7.6 变量的作用域

变量的作用域就是变量起作用的范围。根据变量起作用范围的不同，变量可以分为局部变量和全局变量两种。局部变量是在函数体之内定义的变量，它的作用域只在函数体内。全局变量是在函数体之外定义的变量，在函数体内也可以访问它，但函数内跟全局变量同名的局部变量会屏蔽同名的全局变量，此时，在函数体内不能访问该全局变量。

【实例 7-11】局部变量屏蔽同名全局变量。

源程序如下：

```
SI7_11.py
1    n = 100          # 全局变量
2    def fuc():
3        n = 200      # 局部变量
4        n *= 2
5        print(n)
6    n *=2
7    fuc()
8    print(n)
```

程序运行结果如下：

```
400
200
```

由程序的代码可以看到，程序第一行代码定义了一个全局变量，第三行代码定义了一个同名的局部变量。运行结果表明，第一个输出结果是局部变量的变化值，第二个输出结果是全局变量的变化值，局部变量的值并没有影响全局变量的变化，也就是说，函数体内的局部变量 n 屏蔽了函数体外的全局变量 n。

如果将第三行和第四行代码删去，则程序运行结果将为两个 200，此时调用函数输出的值也是全局变量的变化值，也就是说，全局变量在函数体内部也发挥了作用，全局变量的作用域既在函数体内也在函数体外，这正是"全局"的含义。

源程序如下：

```
SI7_11.py
1    n = 100          # 全局变量
2    def fuc():
3        #n = 200      # 局部变量
4        #n *= 2
5        print(n)
6    n *=2
7    fuc()
8    print(n)
```

程序运行结果如下：

```
200
200
```

自我检测题

一、单一选择题

1. 下面关于函数的说法不正确的是（　　　）。

    A. 在不同函数中可以使用相同名字的变量

    B. 函数可以减少代码的重复，使程序更加模块化

    C. 调用函数时，传入参数的顺序和函数定义时的顺序必须不同

    D. 函数体中如果没有 return，函数返回空值 None

2. 创建自定义函数使用的关键字是（　　　）。

    A. function

    B. func

    C. orocedure

    D. def

3. 定义匿名函数使用的关键字是（　　　）。

    A. lambda

    B. main

    C. function

    D. def

4. 在 Python 语言中，下面关于函数正确的结论是（　　　）。

    A. 不可以嵌套定义

    B. 不可以嵌套调用

    C. 不可以递归调用

    D. 以上都不对

5. 关于函数，以下说法正确的是（　　　）。

    A. 函数的名称可以随意命名

    B. 带有默认值的参数一定位于参数列表的末尾

    C. 局部变量的作用域是整个程序

    D. 函数定义后，系统会自动执行其功能

二、填空题

1. 在函数外部定义的变量称为＿＿＿＿＿＿变量，在函数内部定义的变量称为＿＿＿＿＿＿变量。

2. 在 Python 语言中，若希望函数能够处理比定义时更多的参数，可以在函数中使

用_____参数。*args 可以接收任意多个实参并将其放置一个_____中。

3. 用来引入模块的关键字是_____，在函数中调用另一个函数称为函数的_____调用。

4. 下面程序运行的结果是_____。

```
a = 3
b = 4
def fun(x, y):
    b=5
    print(x+y,b)
fun(a, b)
```

5. 下面程序运行的结果是_____。

```
def fun(x)
   a = 3
   a += x
   return(a)
k = 2
m = 1
n = fun(k)
m = fun(m)
print(n, m)
```

第 8 章

文件和异常处理

8.1　文件的概念

在变量、序列和对象中存储的数据都是暂时的，程序结束之后就会丢失。为了能够长时间保存程序中的数据，需要将程序中的数据作为文件保存到外部介质如磁盘中。

文件是存储在外部介质上的数据有序集合。对操作系统来说，文件是操作系统管理数据的基本单位。

8.1.1　文件的分类

根据数据的组织形式和编码方式，文件可分为文本文件（又称 ASCII 文件）和二进制文件。

文本文件：一个字符对应一个字节，这一字节的数据对应要存储的字符的 ASCII 码。例如，整数 1234 的 ASCII 码分别为 49，50，51，52，在 ASCII 文件中的形式为：

00110001 00110010 00110011 00110100

优点：容易看懂，可直接使用文字编辑软件显示文件的内容；容易移植，ASCII 字符集的标准是统一的。

缺点：占用空间多，需要在二进制和 ASCII 码之间转换。

二进制文件：按照数据在内存中二进制编码方式存储。仍以整数 1234 为例，在二进制文件中的存储形式为：0000010011010010，占两个字节。

优点：占用空间少，在文件和内存之间进行数据传送时不必进行转换。

缺点：无法用一般的文件编辑软件显示。

无论是二进制文件还是文本文件，对其存取的单位都是字节。因此，把这种文件称为流式文件。

根据数据的结构和存取方式，文件可分为顺序文件和随机文件。

顺序文件：其中的数据是一个接一个按顺序存放的，而且只提供第一个数据的存储位置。通常，只有在文件中的内容很少，或者不必进行查找或修改数据，或者在应用中只对文件按顺序处理的情况下才使用。

优点：占用存储空间少，使用简便。

缺点：数据不易查找。

随机文件：是指可以随机地对文件中的记录进行存取操作的文件。随机文件的每个记录均有固定的长度，每个记录都有一个记录号。在存入数据时，只要指明记录号就可以把数据存入指定位置；在读取数据时，只需给出记录号便能直接读取记录。

优点：读写速度快。

缺点：数据格式必须是大小固定不变，如果文件太大，为了便于查找，一般还要另外建立索引文件。

8.1.2 文件的缓冲系统

文件中的数据是从内存中传送到外部介质的，文件的操作单位是字节，即每次可以读 / 写 1 字节，若读写 512 字节，就需要启动外设 512 次，频繁启动不仅效率低，而且会缩短外设的使用寿命。为此，编译系统自动分配一部分内存空间，将需要与外部介质之间传送的数据先存放在这部分空间中，等装满之后，再传送。这部分空间称为文件缓冲区。文件缓冲区的大小为 512 字节，因此读 / 写 512 字节只需启动一次外设。具体过程如图 8-1 所示。

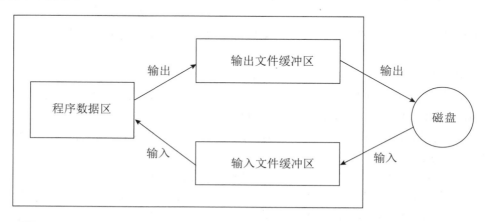

图 8-1　文件缓冲区示意图

8.2　基本文件操作

8.2.1 文件的打开和关闭

1. 文件的打开

Python 对文本文件和二进制文件的打开和关闭均采用统一的操作步骤：
（1）打开文件或者新建文件；
（2）读 / 写文件；
（3）关闭文件。

操作系统中的文件默认处于存储状态，首先需要将其打开，使得当前程序有权操作这个文件。如果打开的文件不存在，可以新建。打开之后文件处于占有状态，此时另一个进程不能操作该文件。接下来可以通过一组方法读取文件的内容或者向文件写入内容。操作完成之后，需要关闭文件，关闭操作将释放对文件的控制，使文件恢复存储状态。此时另一个进程才能操作该文件，函数即可按照指定模式打开指定文件，并创建文件对象。使用格式如下：

```
文件对象名 = open ( 文件名 [, 打开方式 ])
```

其中，文件名指定了被打开的文件名称，如果使用 open() 函数打开文件时只带一个文件名，则是以只读方式打开文件。如果文件名包含文件路径，写路径时要注意斜杠问题。若文件 myfile 在 C 盘上，路径和文件名同时书写，应写成"C:\\wyfile"，打开此文件应写成：file = open('C:\\myfile')。如果要编辑文件，就需要在打开文件时指明文件的打开方式。

在 Python 中，打开文件的方式有多种，具体表示方式及含义如表 8-1 所示。

表 8-1　文件打开方式及含义

文件打开方式	含　义	如果指定文件不存在
r（只读）	打开一个文本文件，只允许读数据	出错
w（只写）	打开或建立一个文本文件，只允许写数据	建立新文件
a（追加）	打开一个文本文件，并在文件末尾追加数据	建立新文件
rb（只读）	打开一个二进制文件，只允许读数据	出错
wb（只写）	打开或建立一个二进制文件，只允许写数据	建立新文件
ab（追加）	打开一个二进制文件，并在文件末尾追加数据	建立新文件
r+（读写）	打开一个文本文件，允许读和写数据	出错
w+（读写）	打开或建立一个文本文件，允许读和写数据	建立新文件
a+（读写）	打开一个文本文件，允许读数据或在文件末尾追加数据	建立新文件
rb+（读写）	打开一个二进制文件，允许读和写数据	出错
wb+（读写）	打开或建立一个二进制文件，允许读和写数据	建立新文件
ab+（读写）	打开一个二进制文件，允许读数据或在文件末尾追加数据	建立新文件

注意：

❑ 用只读方式"r"打开文件时，该文件必须已经存在，否则会出错，而且只能进行读取操作，文件打开时，文件位置指针在文件的开头。

❑ 用只写方式"w"打开文件时，如果文件不存在，则以指定的文件名新建文件。若打开的文件已经存在，则原文件内容消失，重新写入内容且只能进行写操作。

❑ 用追加方式"a"打开文件时，如果文件已经存在，文件位置指针在文件的结尾，新的内容将被写到已有内容之后。如果文件不存在，则创建新的文件并写入。

❑ "r+""w+""a+"都是既可读也可写的，区别在于"r+"和"r"一样，文件必须已经存在；"w+"和"w"一样，如果文件不存在则新建文件，写入后可以读取;"a+"则是打开文件后可以在文件末尾增加新的数据,也可以读取数据。

❑ 打开方式带了"b"，表示是以二进制文件格式进行操作。

2. 文件的关闭

在 Python 中，虽然在程序退出后文件会自动关闭，但是考虑到数据安全，在每次使用完文件后，都需要使用 close() 方法关闭文件，使用格式如下：

```
文件对象名 .close()
```

例如，以只写方式打开一个名为"test.txt"的文件，然后关闭文件，代码如下：

```
file = open('test.txt','w')        # 以只写方式打开一个名为 "test.txt" 的文件
file.close()                       # 关闭文件
```

3. 上下文管理语句 with

Python 中的 with 语句常用于对资源进行访问，保证无论处理过程中是否发生错误或异常，都会执行规定的 _ _exit_ _（清理）操作，释放被访问的资源。用于文件内容读写时，with 语句的用法如下：

```
with open(文件名 [, 打开方式 ]) as 文件对象名
```

在实际开发中，读写文件应优先考虑使用上下文管理语句 with。

8.2.2 文件的读写

从外部介质中将数据文件装入内存的操作叫"读"，又叫"取"；从内存中将数据文件装入外部介质的操作叫"写"，又叫"存"。当打开文件之后，根据文件打开方式的不同，可以对文件进行相应的读写操作。

当文件以文本方式打开时，按照字符串方式进行读写，采用当前计算机使用的编码或指定编码；当文件以二进制文件方式打开时，按照字节流方式进行读写。

对于所有的读操作，文件都必须以读或读写方式打开。对于所有的写操作，文件都必须以写、读写或追加方式打开。如果希望重建文件，可以采用只写或者读写方式打开文件。如果希望保留原文件内容，从后面开始增加新的内容，可以采用追加或者追加式读写方式打开文件。

1. 写文件

Python 提供了两个与文件写入有关的方法：write() 和 writelines()。下面介绍 write() 方法。

write() 方法用于向文件中写入指定字符串，使用格式如下：

```
文件对象名 . write(str)
```

其中，str 为要写入的字符串。

【实例 8-1】使用 write() 方法向文件 "csFile.txt" 写入数据。
源程序如下：

```
Sl8_1.py ×
1    with open('D:/SLJ\\csFile.txt', 'w') as file:
2        file.write('黑发不知勤学早, \n')
3        file.write('白首方悔读书迟。\n')
4        file.close()
```

程序运行结果如下：

代码分析：

首先用上下文管理语句 with 以只写方式打开事先设置好的名为"csFile.txt"的空白文件，然后用文件位置指针 file 向空白文件写入数据。由于 wrile() 方法不会自动在字符串的末尾添加换行符，因此，当输入多行时，要在 wrile() 中包含换行符。最后，要注意关闭文件。

因为程序中没有设置输出语句，所以只能在文本文件位置将其打开并浏览。

2. 读文件

Python 提供了 3 个常用的文件内容读取方法：read()、readline() 和 readlines()。下面分别介绍。

1）read() 方法

read() 方法用于从文件中读取指定的字符数，如果未给定参数或参数为负，则读取整个文件的内容，使用格式如下：

```
文件对象名 .read([size])
```

其中，size 为从文件中读取的字节数，该方法返回从文件中读取的字符串。

【实例 8-2】使用 read() 方法读入文件"csFile.txt"的数据。

源程序如下：

```
Sl8_2.py ×
1    with open('D:/SLJ\\csFile.txt', 'r') as file:
2        string = file.read()
3        print(string)
```

```
Sl8_2.py ×
1    with open('D:/SLJ\\csFile.txt', 'r') as file:
2        string = file.read(17)
3        print(string)
```

```
Sl8_2.py ×
1    with open('D:/SLJ\\csFile.txt', 'r') as file:
2        string = file.read(14)
3        print(string)
```

程序运行结果分别如下：

　　　　黑发不知勤学早，
　　　　白首方悔读书迟。

　　　　黑发不知勤学早，
　　　　白首方悔读书迟。

　　　　黑发不知勤学早，
　　　　白首方悔读

由运行结果可知，size = 字符数 +1。在 Python 中，UTF-8 编码的一个汉字占 3 个字节，一个汉字标点符号占 2 个字节。一个英文字母和一个英文标点符号均占 1 个字节。size = 字符数 +1，不是字节数 +1。

2）readline() 方法

readline() 方法用于从文件中读取整行，包括"\n"字符。如果指定了一个非负数的参数，则表示读入指定大小的字符串。使用格式如下：

```
文件对象名 . readline([size])
```

【实例 8-3】使用 write() 方法向文件"zfcFile.txt"写入数据。

源程序如下：

```
SI8_3.py ×
1  with open('D:/SLJ\\zfcFile.txt', 'w') as file:
2      file.write('      春晓    \n')
3      file.write(' 唐 孟浩然   \n')
4      file.write(' 春眠不觉晓, \n')
5      file.write(' 处处闻啼鸟。 \n')
6      file.write(' 夜来风雨声, \n')
7      file.write(' 花落知多少。 \n')
8      file.close()
```

程序运行结果如下：

```
*zfcFile - 记事本
文件(F) 编辑(E) 格式(O) 查看(V) 帮助(H)
      望春晓
   唐 孟浩然
春眠不觉晓,
处处闻啼鸟。
夜来风雨声,
花落知多少。
```

【实例 8-4】使用 readline() 方法读入文件"zfcFile.txt"的数据。

源程序如下：

```
SI8_4.py ×
1  with open('D:/SLJ\\zfcFile.txt', 'r') as file:
2      for i in range(6):
3          string = file.readline()
4          print(string)
```

程序运行结果如下：

春晓

唐　孟浩然

春眠不觉晓，

处处闻啼鸟。

夜来风雨声，

花落知多少。

代码分析：

因为 readline() 只能读取一行，所以采用 "for i in range(6):" 语句输出 6 行。

3）readlines() 方法

readlines() 方法用于读取所有行（直到结束符 EOF）并返回列表，列表中每个元素为文件中一行数据。使用格式如下：

```
文件名 .readlines()
```

【实例 8-5】使用 readlines() 方法读入文件 "zfcFile.txt" 的数据。

源程序如下：

```
SI8_5.py
1  with open('D:/SLJ\\zfcFile.txt', 'r') as file:
2      content = file.readlines()
3      print(content)
4      print()
5      for temp in content:
6          print(temp)
```

程序运行结果如下：

```
[' 春晓 \n', ' 唐　孟浩然 \n', '春眠不觉晓, \n', '处处闻啼鸟。\n', ' 夜来风雨声,\n', '花落知多少。\n']
```

春晓

唐　孟浩然

春眠不觉晓,

处处闻啼鸟。

夜来风雨声,

花落知多少。

代码分析：

先用第 3 行输出一个由文件所有行作为元素组成的列表，由第 4 行输出一个空行后，再由第 5 行和第 6 行通过 for 循环输出列表中的所有元素，也就是各行的数据。

从运行结果可以看出，使用 readlines() 方法读取文件后返回的值为列表。遍历列表时，由于每个元素后面都有一个 "\n"，而 print() 函数也会加上一个换行符自动实现换行，因此会多出空白的行。

当读取的文件非常大时，一次性将内容读取到列表中会占用很多内存，影响程序的运行速度。解决的方法是：将文件本身作为一个行序列进行读取，遍历文件的所有行可以按下面的实例进行。

【实例 8-6】使用遍历位置指针指定文件内容，用行序列读取 readlines() 方法打开文件。

源程序如下：

```
SI8_6.py ×
1   with open('D:/SLJ\\zfcFile.txt', 'r') as file:
2       for line in file:
3           print(line)
```

程序运行结果如下：

　　　春晓

　　唐　孟浩然

　春眠不觉晓，

　处处闻啼鸟。

　夜来风雨声，

　花落知多少。

8.3 文件操作综合示例——通讯录管理系统

首先以一个空白的"txlFile.txt"文本文件为基础，设计一个文件操作实例。
源程序如下：

```
Txlgl.py ×
1    txlInfos=[]
2    def printMenu():
3        print("="*16)
4        print("    通讯录管理系统")
5        print("  1.添加好友信息")
6        print("  2.删除好友信息")
7        print("  3.显示好友信息")
8        print("  4.保存数据")
9        print("  5.恢复数据")
10       print("  0.退出系统")
11       print("="*16)
12
13   def addTxlInfo():
14       newNum = input("请输入新好友的编号: ")
15       newName = input("请输入新好友的姓名: ")
16       newSex = input("请输入新好友的性别: ")
17       newAddress = input("请输入新好友的家庭地址: ")
18       newTel = input("请输入新好友的电话号码: ")
19       newInfo = {}
20       newInfo['num'] = newNum
21       newInfo['name'] = newName
22       newInfo['sex'] = newSex
23       newInfo['address'] = newAddress
24       newInfo['tel'] = newTel
25       txlInfos.append(newInfo)
26       print(txlInfos)
27
```

```
28  def delTxlInfo():
29      del_num = input("请输入要删除的好友的编号：")
30      with open('D:/SLJ\\txlFile.txt','w') as file:
31          for stu in txlInfos:
32              if stu['num'] == del_num:
33                  txlInfos.remove(stu)
34      print(txlInfos)
35
36  def showTxlInfo():
37      print("="*38)
38      print("            好友的信息 ")
39      print("="*38)
40      print("序号   编号   姓名 性别   家庭地址   电话号码")
41      i = 1
42      for tempInfo in txlInfos:
43          print(" %d    %s   %s   %s   %s     %s" % (i, tempInfo['num'], tempInfo['name'], tempInfo['sex'],
44                                           tempInfo['address'], tempInfo['tel']))
45          i += 1
46
47  def save_file():
48      with open('D:/SLJ\\txlFile.txt', 'w') as file:
49          file.write(str(txlInfos))
50
```

```
51  def recover_data():
52      global txlInfos
53      with open('D:/SLJ\\txlFile.txt', 'r') as file:
54          content = file.read()
55          txlInfos = eval(content)
56          print(txlInfos)
57
58  def main():
59      while True:
60          printMenu()
61          key = input("请输入项目对应的数字:")
62          if key == "1":
63              appTxlInfo()
64          elif key == "2":
65              delTxlInfo()
66          elif key == "3":
67              showTxlInfo()
68          elif key == "4":
69              save_file()
70          elif key == "5":
71              recover_data()
72          elif key == "0":
73              quit_con = input("确定退出吗?(y or Y):")
74              if quit_con == "Y":
75                  break
```

```
76
77  main()
78
```

程序运行结果如下：

```
================
   通讯录管理系统
1.添加好友信息
2.删除好友信息
3.显示好友信息
4.保存数据
5.恢复数据
0.退出系统
================
```

请输入项目对应的数字:*1*

请输入新好友的编号：*001*

请输入新好友的姓名：*张三*

请输入新好友的性别：*男*

请输入新好友的家庭地址：*北京*

请输入新好友的电话号码：*13612345678*

```
[{'num': '001', 'name': '张三', 'sex': '男', 'address': '北京', 'tel': '13612345678'}]
```

请输入项目对应的数字:*1*

请输入新好友的编号：*002*

请输入新好友的姓名：*李四*

请输入新好友的性别：*男*

请输入新好友的家庭地址：*上海*

请输入新好友的电话号码：*13743215678*

请输入项目对应的数字:*1*

请输入新好友的编号：*003*

请输入新好友的姓名：*王英*

请输入新好友的性别：*女*

请输入新好友的家庭地址：*广州*

请输入新好友的电话号码：*13987651234*

```
================
    通讯录管理系统
  1.添加好友信息
  2.删除好友信息
  3.显示好友信息
  4.保存数据
  5.恢复数据
  0.退出系统
================
```

请输入项目对应的数字:*4*

```
================
通讯录管理系统
1.添加好友信息
2.删除好友信息
3.显示好友信息
4.保存数据
5.恢复数据
0.退出系统
================
请输入项目对应的数字:5
[{'num': '001', 'name': '张三', 'sex': '男', 'address': '北京', 'tel': '13612345678'}, {'num': '002', 'name': '李四', 'sex': '男', 'address': '上海',
```

```
 *txlFile - 记事本
文件(F) 编辑(E) 格式(O) 查看(V) 帮助(H)
[{'num': '001', 'name': '张三', 'sex': '男', 'address': '北京', 'tel': '13612345678'},
{'num': '002', 'name': '李四', 'sex': '男', 'address': '上海', 'tel': '13743215678'},
{'num': '003', 'name': '王英', 'sex': '女', 'address': '广州', 'tel': '13987651234'}]
```

注意："记事本"原来是在一行显示，因内容太长改为三行显示。

请输入项目对应的数字:3
==================================
　　　　　　　　好友的信息
==================================
序号　编号　姓名　性别　家庭地址　电话号码
1　　001　张三　男　北京　　13612345678
2　　002　李四　男　上海　　13743215678
3　　003　王英　女　广州　　13987651234

请输入项目对应的数字:1
请输入新好友的编号：004
请输入新好友的姓名：赵六
请输入新好友的性别：男
请输入新好友的家庭地址：南昌
请输入新好友的电话号码：13678901234

请输入项目对应的数字:3
==================================
　　　　　　　　好友的信息
==================================
序号　编号　姓名　性别　家庭地址　电话号码
1　　001　张三　男　北京　　13612345678
2　　002　李四　男　上海　　13743215678
3　　003　王英　女　广州　　13987651234
4　　004　赵六　男　南昌　　13678901234

================
　　通讯录管理系统
　1.添加好友信息
　2.删除好友信息
　3.显示好友信息
　4.保存数据
　5.恢复数据
　0.退出系统
================
请输入项目对应的数字:2
请输入要删除的好友的编号：004

请输入项目对应的数字:3
==================================
　　　　　　　　好友的信息
==================================
序号　编号　姓名　性别　家庭地址　电话号码
1　　001　张三　男　北京　　13612345678
2　　002　李四　男　上海　　13743215678
3　　003　王英　女　广州　　13987651234

```
================
    通讯录管理系统
    1.添加好友信息
    2.删除好友信息
    3.显示好友信息
    4.保存数据
    5.恢复数据
    0.退出系统
================
请输入项目对应的数字:0
确定退出吗?(y or Y):Y
```

代码分析：

本程序由一个主程序和 6 个自定义程序组成。在第 1 行首先定义了一个全局变量 txlInfos，它是一个带空值的列表。

程序的执行从第 77 行开始，先调用位于第 58 行的主程序，进入一个由 True 控制的 while 循环，这是一个无限循环。进入循环体，执行第 60 行，调用位于第 2 行的 printMenu() 输出菜单函数。这个菜单共有 6 项，它们分别是：

1. 添加好友信息

2. 删除好友信息

3. 显示好友信息

4. 保存数据

5. 恢复数据

0. 退出系统

输入"1"，执行位于第 13 行的添加好友信息的 addTxlInfol() 函数，分别提示输入"txlFile.txt"文本文件要求的好友的编号（第 14 行）、姓名（第 15 行）、性别（第 16 行）、家庭地址（第 17 行）、电话号码（第 18 行）五项。第 19 行定义了一个带空值的字典 newInfo。第 20~24 行分别将前面输入的数据通过 newNum、newName、newSex、newAddress、newTel 5 个变量赋值给 newInfo 字典的 5 个元素，它们分别是：newInfo['num']、newInfo['name']、newInfo['sex']、newInfo['address']、newInfo['tel']。通过第 25 行的 txlInfos.append(newInfo) 将元素的值添加到列表中，全局变量 txlInfos 获得了这个字典的数据。为了证明添加成功，设置了第 26 行输出语句输出全局变量 txlInfos 列表。添加好友信息的 addTxlInfo() 函数调用完毕，返回主函数。

然后又返回到选项菜单，我们两次选"1"，添加两个好友信息，再选"3"，调用位于第 36 行的 showTxlInfo() 显示好友信息函数，通过 for 循环遍历存储好友信息的列表，输出每个好友的信息。

由于还在无限循环中，又出现选项菜单。

先后输入"4"和"5"，通过调用第 47 行的 save_file() 和第 51 行的 recover_data() 两个函数，实现保存数据和恢复数据的功能。在 save_file() 函数中，以写的方式打开了同目录下的"txlFile.txt"文本文件（第 48 行），在 recover_data() 函数中，以读的方式打开了同目录下的"txlFile.txt"文本文件（第 53 行）。第 49 行中 str() 函数的作用是将 txlInfos 列表中的字典数据对象转换为字符串。第 55 行的 eval() 函数的作用是读取字符串表达式，返回表达式的值，并将数据转换为它原来的类型即包含字典的列表。在 save_file() 函数执行完毕后可以在"txlFile.txt"文本文件中查看，这里增设第 56 行用于输出，替代了查看。

然后又选"1"，添加第四位好友的信息。再选"3"，可以看到四位好友的信息。又选"2"，调用位于第 28 行的 delTxlInfo() 删除好友信息函数，输入编号 004，即删除第四位好友的全部信息。接着选"3"，可以看到只剩下三位好友的信息，第四位好友的信息的确被全部删除了。

最后，在选项菜单中选"0"，直接执行位于第 73 行的语句，输入 y 后，通过位于第 74 行和第 75 行的 if 分支选择语句用 break 跳出循环，结束全部程序。

该程序的运行结果保存在"txlFile.txt"文本文件中，但保存的内容是一长串由包含三位好友信息的 3 个字典为构成元素的列表。

8.4 异常概述

软件开发不仅要保证逻辑上的正确性，而且具有容错能力。也就是说，要求应用程序不但在正常情况下能够正确运行，而且一旦发生意外时，也可以做出适当处理，不会产生丢失数据或破坏系统运行等灾难性后果。程序运行过程中，由于程序本身的设计问题或者外界使用环境的改变而引发的错误称为异常。引发异常的原因有很多种，如数据类型错误、下标越界、文件不存在等。有些是人为的操作问题，在输入代码特别是输入数据时发生错误，例如，在进行除法运算时，将除数输为 0；规定编号的首位为字母，结果输入了数字；规定年龄范围是 18~60，结果输入了范围之外的数字；在百分制成绩标准中输入了大于 100 的数字等。

语法错误是初学者经常会遇到的问题。在 Python 语言中，有时即使程序的语法正确，在运行时也有可能发生错误。这种在运行期间发生的异常，大多数不会被系统自动处理，而是以错误信息的形式展现。例如，当 str 型数据直接与 int 型数据比较时会展现"不同类型间的无效操作"的信息；当输入除数为 0 时会展现"除数为零"的信息；当尝试访问一个未声明的变量时会展现"尝试访问一个不存在的变量"的信息；当传给函数的参数类型不正确时会展现"传入一个无效参数"的信息；当 Python 语言最具特色的体现代码之间的逻辑关系的缩进错误时会展现"缩进错误"的信息；当使用序列不存在的索引时会展现"索引超出序列的范围"的信息等。

Python 中常见的异常及描述如表 12-2 所示。

表 12-2 Python 中常见的异常及描述

异 常	描 述
NameError	尝试访问一个没有声明的变量引发的错误
IndexError	索引超出序列范围引发的错误
IndentationError	缩进错误
ValueError	传入的值错误

异　常	描　述
KeyError	请求一个不存在的字典关键字引发的错误
IOError	输入输出错误（如要读取的文件不存在）
ImportError	当 import 语句无法找到模块或 from 无法在模块中找到相应名称引发的错误
AttributeError	尝试访问未知的对象属性引发的错误
TypeError	类型不合适引发的错误
MemoryError	内存不足引发的错误
ZeroDivisionError	除数为 0 引发的错误

8.5　异常处理

在程序开发时，有些错误并不是每次运行都会出现，只要输入的数据符合程序的要求，程序就可以正常运行。但如果输入的数据不符合程序的要求，就会抛出异常并停止运行。这时，必须有相应的机制给予处理，这便是在程序设计中应该注意的异常处理问题。

Python 中提供了三种捕获并处理异常的语句。

1. try…except 语句

在使用时，把可能产生异常的代码放在 try 语句块中，把处理结果放在 except 语句块中。这样，当 try 语句块中的代码出现错误，就会执行 except 语句块中的代码。如果 try 语句块中的代码没有错误，except 语句块中的代码就不会执行。具体的使用格式如下：

```
try:
    语句块 1
except [ExceptionName [as alias]]:
    语句块 2
```

各参数说明如下：

❑ 语句块 1 表示可能出现错误的代码块。

❑ ExceptionName [as alias] 为可选参数，用于指定要捕获的异常。其中，ExceptionName 表示要捕获的异常名称，如果在它的右边加上 "as alias"，则表示为当前的异常指定一个别名，通过这个别名，可以记录异常的具体内容。如果在使用 try…except 语句捕获异常时，在 except 后面不指定异常名称，则表示捕获全部异常。

❑ 语句块 2 表示进行异常处理的代码块，在这里输出固定的提示信息，也可以通过别名输出异常的具体内容。

使用 try…except 语句捕获异常后，在程序出错时输出相关错误信息，之后程序会继续执行。

2. try…except…else 语句

是在 try…except 语句的基础上再增添了一个 else 子句，用于指定当 try 语句块没有发生异常时要执行的语句块。该语句块中的内容在 try 语句中发现异常时，将不被执行。

【实例 8-7】异常处理。

源程序如下：

```
Sl8_7.py ×
1    def division():
2        num1 = int(input("请输入被除数："))
3        num2 = int(input("请输入除数："))
4        result = num1/num2
5    if __name__ == '__main__':
6        try:
7            division()
8        except ZeroDivisionError:
9            print("\n出错了！除数不能为0。")
10       except ValueError as e:
11           print("输入错误：", e)
12       else:
13           print("程序执行完成......")
```

程序第一次运行时的结果如下：

请输入被除数：*10*
请输入除数：*0*

出错了！除数不能为0。

程序第二次运行时的结果如下：

请输入被除数：*10*
请输入除数：*5*
程序执行完成......

3. try…except…finally 语句

完整的异常处理语句应该包含 finally 代码块。在通常情况下，无论程序中有无异常发生，finally 代码块中的代码都会被执行。具体的使用格式如下：

```
try:
    语句块 1
except [ExceptionName [as alias]]:
    语句块 2
finally:
    语句块 3
```

Try…except…finally 语句理解起来并不复杂，它只是比 try…except 语句多了一个 finally 代码块。如果程序中有一些在任何情况中都必须执行的代码，就可以把它放在 finally 代码块中。

使用 except 子句是为了处理异常。无论是否引发异常，finally 子句都可以被执行。如果分配了有限的资源（如打开文件），则应将释放这些资源的代码放置在 finally 代码块中。

【实例 8-8】增加 finally 代码块的异常处理。

源程序如下：

```
📄 Sl8_8.py ×
1    def division():
2        num1 = int(input("请输入被除数："))
3        num2 = int(input("请输入除数："))
4        result = num1/num2
5    if __name__ == '__main__':
6        try:
7            division()
8        except ZeroDivisionError:
9            print("\n出错了！除数不能为0。")
10       except ValueError as e:
11           print("输入错误：", e)
12       else:
13           print("程序执行完成......")
14       finally:
15           print("释放资源，关闭程序。")
```

程序运行结果如下：

```
请输入被除数：10
请输入除数：0

出错了！除数不能为0。
释放资源，关闭程序。
```

自我检测题

一、单一选择题

1. 下列选项中，哪个不是 Python 读取文件的方法？（   ）

   A. read()

   B. readline()

   C. readlines()

   D. readtext()

2. 在文件末尾添加信息的打开方式是（   ）。

   A. 'a'

   B. 'r'

C. 'w'

D. 'w+'

3. 下列方法中，可以向文件中写入内容的是（　　　）。

A. open()

B. write()

C. read()

D. close()

4. 下列哪个选项不是 Python 异常处理可能用到的关键字？（　　　）

A. try

B. else

C. finally

D. if

5. 当 try 子句没有任何错误时，一定不会执行的是下面哪条语句？（　　　）

A. try

B. else

C. except

D. finally

二、填空题

1. 打开文件进行读写后，应调用_____方法关闭文件。

2. readlines() 方法用于读取文件的所有_____，并返回一个_____。

3. 已知文件对象名为 file，将文件位置指针移到文件开始位置的第 10 个字符处，正确的语句为_____。

4. 同一段程序可能不止一种异常，可以设置多个_____子句，一旦代码抛出异常，首先执行与之匹配的是第_____个。

5. else 子句必须放在所有_____子句之后，该子句在_____子句没有发生任何异常时执行。

第 9 章

类和对象

9.1 基本概念

9.1.1 对象

在客观世界中，人们处理问题都是面向对象的，对象是构成系统的基本单位。在实际社会生活中，人们都是在不同的对象中活动。

一个具体的杯子是一个对象，它的属性有口径、型号和材质等，对它的操作（或者说它的行为）是盛水等。

一辆具体的汽车也是一个对象，它的属性有品牌、型号和排量等，对它的操作（或者说它的行为）是开动和转弯等。

一个具体的人同样也是一个对象，人的属性有性别、身高和体重等，人的行为（也可称为操作）有走路、吃饭、学习、工作等。

对象的基本特征分为静态特征和动态特征，接下来举两个具体的例子。

例1：学生在一个班级中上课、开会、开展社团活动和文体活动等。

这里的对象是班级，它的静态特征有所属系、专业，学生人数，所在教室等；它的动态特征有上课、开会、开展社团活动和文体活动等。

例2：我们所熟悉的计算机也是一个对象，它的静态特征（或者说属性）有CPU、内存、硬盘、主板、显卡、声卡、键盘、鼠标、光驱等，它的动态特征（或者说行为）有打字、上网冲浪、游戏、编程、处理图像、听音乐、欣赏影视节目等。可以说，计算机的组成部件和计算机所做的各种事情共同描述了一台计算机。

9.1.2 类

类是一个抽象的概念，用来描述某一类对象所共有的、本质的属性和类的操作、行为。对象则是类的一个具体实现，又称为实例。

以杯子为例，它是描述这类对象共有的、本质的属性和操作、行为的抽象体，而大杯子和小杯子则是杯子类的某个实例，或者说是杯子类的具体对象。

类是具有共同特征的对象的抽象，举例如下。

教师是肩负传道、授业、解惑重任的一类人。

学生是接受思想教育、道德教育、专业教育、人文教育的一类人。

教师和学生同属于人类，他们是人类的两个属性和行为各不相同的对象（也可称实例）。

类具有抽象性、隐蔽性和封装性的特征。

类的隐蔽性体现在外界不能直接访问保护成员和私有成员。

因为封装性使对象的数据得到保护，所以封装性是"面向对象"程序设计的重要特征。类是一个封装体，其中封装了该对象的属性和操作。通过限制对属性和操作的访问权限，可以将属性"隐藏"在类的内部，公有方法作为对外的接口，在对象之外只能通过这一接口借助于对象对类的保护成员和私有成员进行具体的操作。

对象的属性和行为总是紧密联系在一起的，属性用数据（即变量）来描述，行为则是对数据的处理，要通过方法（即函数）来实现。数据和对数据的处理，在面向过程程序设计中两者是分离的，而在面向对象程序设计中两者是合一的，都封装在类体中。

封装性是指将数据（变量）和数据处理（方法）都封装在类体中。可以理解为把变量和相关的方法集中在一个有孔的容器中，只有在孔的边缘处的数据与方法才能与外界相通（这便是指所有的公有成员），而其余的（指私有成员和保护成员）均不受外界的影响，这个容器就是类。

9.1.3 面向对象编程

在程序设计与实现中，程序设计方法正在从面向过程走向面向对象，使得编程语言与自然语言之间以及程序设计方法与实际解决问题方式之间的距离越来越近。这意味着软件开发人员可以用更接近自然的思维方式、用更少的精力去完成同样的工作。

概括起来说，面向对象程序设计有如下优点：

❑　　与人类习惯的思维方式一致。

❑　　可重用性好。

❑　　可维护性好。

9.2　类的定义

在 Python 中，定义类使用 class 关键字，具体使用格式如下：

```
class ClassName:
    statement
```

各参数说明如下：

❑　　ClassName 用于指定类名，一般用大写字母开头，如果类名中包括两个单词，第二个单词的首字母也要大写。这种"驼峰式命名法"是命名类的习惯，也可以按自己的习惯命名。

❑　　statement 为类体，主要由类变量（或者类成员）方法和属性等语句组成。如果在定义类时暂时没有想好类的具体功能，可以用 pass 语句代替。

9.3　创建类的实例

定义类之后，并不会真正创建一个实例。这就好比一张计算机的设计图，它能告诉你计算机看上去是怎么回事，但它并不是真正的计算机，你不能使用它而只能用它来制造计算机，采用不同的零件可以制造出一部具体的计算机。

class 语句本身并不创建该类的任何实例，在类定义之后，必须创建类的实例，即实例化该类的对象。

在真实世界里，任何一个对象都有属性和动作两个特征。在 Python 中，对象的特征用属性（attribute）和方法（method）来描述。

属性就是关于对象静态描述的各个方面，比如面包（bread）的颜色、重量等。实际上属性在对象中就是变量，只不过这个变量包含在对象等定义当中。直接像对待变量一样可以使用 print() 将它显示出来，也可以将它赋值给其他变量。例如：

```
print(bread.color)
print(bread.weight)
bread.color= 'red'
bread.weight=38
```

方法就是对象的动作，比如面包有切片、涂黄油等动作。

bread.slice(n)：把面包分成 *n* 个切片。

bread.spread(黄油)：在面包上涂黄油。

实际上这些动作就是函数，如果把"黄油"放在参数里就变成了涂黄油，把"果酱"放在参数里就变成了涂果酱。

```
bread.spread( 黄油 )    # 在面包上涂黄油
bread.spread( 果酱 )    # 在面包上涂果酱
```

因此，可以说：对象＝属性＋方法。使用属性和方法时，一定要使用句点（.）操作符，这个操作符是使用对象的属性和方法的唯一方式。即：

```
object.attribute
```

或者

```
object.method()
```

在 Python 中，任何数据类型都是对象：字符串是 str 对象；整数是 int 对象；列表是 list 对象；生成器是 generator 对象；函数是 function 对象。

类定义完毕后，再实例化这个类，形成多个类的对象实例。

【实例 9-1】创建苹果类的实例对象。

源程序如下：

```
SI9_1.py
1    class Apple:
2        def feed(self):
3            if self.apple > 0:
4                self.apple -= 1
5            print("*")
6    myApple = Apple()
7    myApple.color = 'Red'
8    myApple.weight = '100'
9    myApple.apple = 10
10   myApple.feed()
11   print(myApple.apple, myApple.color, myApple.weight)
```

程序运行结果如下：

```
*
9 Red 100
```

第 1 行代码创建了一个 Apple 类，类体中定义了一个 feed（吃东西）方法。

第 6 行代码创建了一个 Apple 类的实例对象 myApple，然后给该对象的属性（颜色、重量、个数）分别赋值，并调用类的成员方法。

第 5 行及第 11 行代码分别输出了吃苹果的动作方法被调用的标记及苹果的个数、颜色、重量。

由程序运行结果可以看出，* 代表吃苹果的动作，开始有 10 个苹果，吃了 1 个还剩 9 个，苹果是红色的，重量为 100 克。

程序中 self 代表当前对象。程序运行结果表明，创建的吃苹果的 feed() 动作方法的确产生了作用。

实例 9-1 中，类在"实例"化之后就立即给实例的 color、weight、apple 进行赋值，这样做虽然很方便，但必须查看主程序后才能了解实例拥有的属性，仅从类的定义来看是没有意义的。类是抽象的，不能在类体中直接对类的实例属性进行赋值。然而，定义类时，在初始化方法 _ _init_ _() 中编写实例属性的默认值代码可以很好地解决这个问题。

【实例 9-2】用类的初始化方法创建苹果类的实例对象。

源程序如下：

```python
class Apple:
    def feed(self):
        if self.apple > 0:
            self.apple -= 1
        print("*")
    def __init__(self):
        self.color = 'Red'
        self.weight = '100'
        self.apple = 10
myApple = Apple()
myApple.feed()
print(myApple.apple, myApple.color, myApple.weight)
```

程序运行结果如下：

```
*
9 Red 100
```

程序运行结果与实例 9-1 的完全相同。

【实例 9-3】长方体的长、宽、高分别为：30、20、12，用初始化方法完成对实例变量的赋值，求长方体的体积。

源程序如下：

```
 SI9_3.py ×
1  class Box:
2      def __init__(self):
3          self.height = 12
4          self.width = 20
5          self.length = 30
6  myBox = Box()
7  print("长方体的体积为：", myBox.height * myBox.width * myBox.length)
```

程序运行结果如下：

长方体的体积为： 7200

【实例 9-4】长方体的长、宽、高分别为 21、30、15，直接用初始化方法完成对实例变量的赋值，求长方体的体积。

源程序如下：

```
 SI9_4.py ×
1  class Box:
2      def __init__(self):
3          self.height = 15
4          self.width = 30
5          self.length = 21
6          print("长方体的体积为：", self.height * self.width * self.length)
7  myBox = Box()
```

程序运行结果如下：

长方体的体积为： 9450

由程序运行结果可以看出，定义类的实例对象即可自动调用类的初始化方法。

9.4 类的访问限制

类的数据成员可分为私有成员和保护成员两种。定义私有成员时，成员名前面要添加双下画线前缀；定义保护成员时，成员名前面要添加单下画线前缀。在类体外访问时，对私有成员可以通过"实例名 . _ 类名 _ _xxx"的方式访问，不能通过"实例名 . 属性名"的方式访问。但是，保护成员可以通过"实例名 . 属性名"的方式访问。类的数据成员在类外不可直接访问，这充分体现了类的封装性。

【实例 9-5】有一个长方体，它的总面积定义为私有成员，值为 2820，它的体积定义为保护成员，值为 9000。试分别在类体内、外输出长方体的总面积和体积。

源程序如下：

```
🖥 SI9_5.py ×
1   class Box:
2       __column_area = 2820
3       _column_volume = 9000
4       def __init__(self):
5           print("长方体的总面积为: ", Box.__column_area)
6           print("长方体的体积为: ", Box._column_volume)
7   myBox = Box()
8   print("长方体的总面积为: ", myBox._Box__column_area)
9   print("长方体的体积为: ", myBox._column_volume)
```

程序运行结果如下:

```
长方体的总面积为:   2820
长方体的体积为:    9000
长方体的总面积为:   2820
长方体的体积为:    9000
```

自我检测题

一、单一选择题

1. 下列选项中哪个不是面向对象的特征?(   )

   A. 多态

   B. 继承

   C. 抽象

   D. 封装

2. 关于类与对象的关系,下列描述中正确的是(   )。

   A. 对象描述的是现实中真实存在的个体,它是类的实例

   B. 对象是根据类创建的,并且一个类只能对应一个对象

   C. 类是现实中真实存在的个体

   D. 类是面向对象的核心

3. 关于构造方法的论述正确的是(   )。

   A. 是一般成员方法

   B. 作用是实现类的初始化

   C. 作用是实现对象的初始化

   D. 作用是对象的建立

4. 在 Python 语言中,释放类占有资源的方法是(   )。

   A. __delete__

   B. del

   C. __init__

   D. __del__

5. 在 Python 语言中，定义私有属性的方法是（　　　）。

    A. 使用 _ _X 定义属性名

    B. 使用 _ _X_ _ 定义属性名

    C. 使用 private 关键字

    D. 使用 public 关键字

二、填空题

1. 在 Python 语言中，可以用_____关键字来声明一个类。

2. 类的成员有两种，一种是_____成员，另一种是_____成员。

3. 类的方法是类所拥有的方法，至少有一个名为_____的参数，而且必须是方法的第一参数。

4. 创建类的对象的语法格式是_____，无论是类成员还是实例成员都要通过访问符_____的方式进行访问。

5. Python 语言与很多面向对象程序设计语言不同之处在于可以_____ 地为类和对象增加成员，这是 Python_____型特点的重要体现。

第 10 章

类的继承和多态

10.1 类的继承性

继承是面向对象程序设计中实现代码重用的重要机制之一。

10.1.1 类继承的概念

客观世界的事物具有共性和特性，可以通过类的层次来体现事物的共性和特性。接下来以建筑物为例进行解释，如图 10-1 所示。

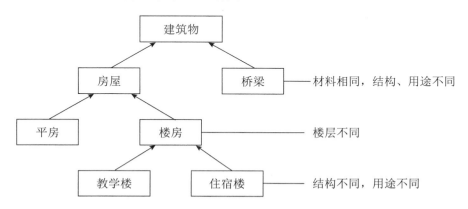

图 10-1 建筑物的共性和特性

当定义一个类后，又需要定义一个新类，这个新类与原来的类相比，只是增加或修改了部分属性和操作，这时可以用原来的类派生出新类，新类中只需要描述自己所特有的属性和操作即可。

新类称为子类或派生类，原来的类称为基类。派生可以一直进行下去，形成一个派生树。

位于上层的类称为基类，位于基类之下的类称为派生类。基类和派生类是相对的。

Python 语言引进派生和继承概念的意义何在呢？传统程序设计的一个很严重的缺陷是：随着时间的迁移和用户环境的变化，一旦原来的内容无法符合用户需求，必须对程序中无法重复使用的部分做出修改，修改工作不仅麻烦，而且易出错，这个过程既不安全，又浪费资源。面向对象程序设计提供了一个可以将程序资源无限重复使用的渠道。用户不必更改原来的程序，只需要利用面向对象中继承的观念和方法，将旧有的程序扩充为满足当前所需要的程序。这样不仅节省了编写程序的时间和资源，而且能不断开发出所需要的新程序资源。因此，继承在面向对象程序设计中是最为重要的一环，可以毫不夸张地说，任何程序如果失去了继承的性质，其使用价值就少了一半。

具有共性的类可以通过继承共同的基类来体现它们之间的共性。也就是说，共性可放于基类之中，而特性可放于派生类中。

通过继承建立新类的优越性包括：

❏ 通过重用已有代码，提高编程效率，降低软件开发成本；

❏ 更有效地保持共有特性的一致性；

❑　提高系统的可维护性。

10.1.2　类继承的实现

从一个已存在的类创建新的派生类可以通过如下语句形式实现：

```
class ClassName(baseclasslist):
    statement
```

各参数说明如下：
❑　ClassName 为指定的派生类名。
❑　baseclasslist 为要继承的基类名，若有多个，彼此之间用英文逗号分隔。
❑　statement 为类体。

【实例 10-1】类继承。
源程序如下：

```
SI10_1.py
1    class Fruit:
2        def __init__(self):
3            self.color = "绿色"
4    class Banana(Fruit):
5        _color = "黄色"
6        print("我是香蕉")
7    banana = Banana()
8    print("香蕉原来是：" + banana.color + "的！")
9    print("香蕉现在是：" + banana._color + "的！")
```

程序运行结果如下：

```
我是香蕉
香蕉原来是：绿色的！
香蕉现在是：黄色的！
```

由程序运行结果可以看到，第 1 行定义了基类（或者称父类）Fruit（水果）。第 4 行定义了派生类（或者称子类）Banana（香蕉），在初始化方法（又称构造方法）中定义了数据成员 color，并赋了初值——绿色。派生类继承下来，在创建派生类的实例对象时自动调用，所以在派生类体中有两个数据成员，一个是继承基类的 color，值为"绿色"，另一个是重新创建的 _color，访问属性为"保护"，值为"黄色"。这样输出结果就比较容易理解了。

10.1.3　类的方法的重写

基类的成员都会被派生类继承，当基类的某个方法不完全适合派生类时，就需要在派生类中重写基类的这个方法。

【**实例 10-2**】*初始化方法重写示例之一。*

源程序如下：

```
SI10_2.py ×
1    class Map:
2        name = 'Map'
3        def __init__(self):
4            self.weight = 10
5    class ChinaMap(Map):
6        def __init__(self):
7            Map.__init__(self)
8            self.weight += 2
9    cm = ChinaMap()
10   print(cm.name)
11   print(cm.weight)
```

程序运行结果如下：

```
Map
12
```

由程序运行结果可以看到，在派生类 ChinaMap 的初始化方法里执行了基类的初始化方法，并把 weight 这个属性自增了 2，程序顺利运行。

在派生类中，如果要访问基类中的初始化方法，必须使用 super() 函数。

【**实例 10-3**】*初始化方法重写示例之二。*

源程序如下：

```
SI10_3.py ×
1    class Fruit:
2        def __init__(self, color="绿色"):
3            Fruit.color = color
4    class Apple(Fruit):
5        def __init__(self, color="红色"):
6            Apple.color = color
7            print("我是苹果，")
8            print("苹果是："+Apple.color+"的！")
9            super().__init__()
10           print("苹果原来是："+Fruit.color+"的！")
11   apple = Apple()
```

程序运行结果如下：

```
我是苹果，
苹果是：红色的！
苹果原来是：绿色的！
```

由程序运行结果可以看到，因为第 9 行使用了 super() 函数，所以才能得到"苹果原来是：绿色的！"的输出结果。

10.1.4 多继承的概念

子类继承多个父类便称为多继承，这样子类就可以拥有多个父类的功能。

【**实例 10-4**】多继承。

源程序如下：

```python
class A:
    def send(self, msg):
        print("类A的方法被调用。 消息发送: %s" % (msg))
class B:
    def build(self):
        print("类B的方法被调用。")
        return True
    def close(self):
        print("程序运行结束。")
class C(A, B):
    def net_message(self, msg):
        if self.build():
            self.send(msg)
            self.close()
        else:
            print("类C的方法被调用")
def main():
    net = C()
    net.net_message("程序运行成功！")
if __name__ == "__main__":
    main()
```

程序运行结果为：

```
类B的方法被调用。
类A的方法被调用。 消息发送: 程序运行成功！
程序运行结束。
```

代码分析：

第 20 行和第 21 行调用主函数。

第 17~19 行中，主函数被调用，第 18 行中定义了一个类 C 的对象，类 C 是类 A 和类 B 的共同子类，转到执行第 10 行。

第 10 行中，用 C(A, B) 创建子类 C，A 类和 B 类共同为子类 C 的父类。先执行第 11 行类 C 的成员方法 net_message(self, msg)，当前对象 self 为第一参数，msg 为第二参数，执行第 12 行，判断 build() 方法是否存在，转到第 5 行，执行已被继承的类 B 的成员方法。接着执行第 6 行，输出"类 B 的方法被调用。"。再执行第 7 行，返回第 12 行，由于 build() 方法确实存在，转到执行第 13 行，用当前对象调用第 1 行已被继承的类 A 位于第 2 行的成员方法 send(self,msg)。接着执行第 3 行，输出"类 A 的方法被调用。消息发送："，调用第 19 行，接着发送消息"程序运行成功！"，在子类 C 中继续执行第 14 行，用当前对象调用继承类 B 位于第 8 行的 close() 方法，执行第 9 行，输出"程序运行结束。"。

正是由于 build() 方法确实存在，不执行第 15 行和第 16 行，没有输出"类 C 的方法被调用"。

10.1.5 多继承的实现

教育类在职研究生，既是教师又是学生，即他或她具备教师和学生的双重身份。所以，对教育类在职研究生子类而言，教师类是他或她的直接父类，学生类也是他或她的直接父类。可以说，教育类在职研究生既继承了教师类的静态特征如姓名、年龄、职称等，又继承了学生类的静态特征如性别、成绩等。这就是一个多继承的实例。

【**实例 10-5**】多继承。

源程序如下：

```python
class Teacher(object):
    def __init__(self, name, age, title):
        self.name, self.age, self.title = name, age, title
    def show(self):
        print(f"我是一名教师 \n 姓名：{self.name}, 年龄：{self.age}，职称：{self.title}")
class Student(object):
    def __init__(self, sex, score):
        self.sex, self.score = sex, score
    def show(self):
        print(f"我是一名学生 \n 性别：{self.sex}, 成绩：{self.score}")
class Graduate(Teacher, Student):
    def __init__(self, name, age, title, sex, score, wage):
        Teacher.__init__(self, name, age, title)
        Student.__init__(self, sex, score)
        self.wage = wage
    def show_all(self):
        Teacher.show(self)
        Student.show(self)
        print(f"我是一名在职研究生 \n 工资:{self.wage}")
grad1= Graduate("王莉", "24", "助教", "女","89.5", "6543.5")
grad1.show_all()
```

程序运行结果如下：

我是一名教师
 姓名：王莉，年龄：24，职称：助教
我是一名学生
 性别：女，成绩：89.5
我是一名在职研究生
 工资:6543.5

代码分析：

第 20 行创建教育类在职研究生子类的对象 grad1，执行第 11 行教育类在职研究生子类位于第 12 行的构造方法，传递了 6 个参数："王莉""24""助教""女""89.5""6543.5"。接着执行第 13 行，调用已继承的第 1 行教师父类位于第 2 行的教师类构造方法，传递了"姓名""年龄""职称"三个参数。接着返回第 14 行，调用已继承的第 6 行学生父类位于第 7 行的学生类构造方法，传递了"性别""成绩"两个参数。

至此，教育类在职研究生子类位于第 12 行的构造方法执行完毕。返回执行第 21 行，用教育类在职研究生子类的对象调用位于第 16 行的 show_all() 方法，执行第 17 行，调用被继承教师父类中位于第 4 行的 show () 方法，执行第 5 行，输出"我是一名教师"，换行后输出形参得到的实参值"姓名：王莉，年龄：24，职称：助教"。执行第 18 行，调用被继承学生父类中位于第 9 行的 show () 方法，执行第 10 行，输出"我是一名学生"，换行后输出形参得到的实参值"性别：女，成绩：89.5"。

接着执行第 15 行，用当前对象定义了一个成员变量 wage。执行第 19 行，输出"我是一名在职研究生"，换行后输出形参得到的实参值"工资：6543.5"。

10.2 类的多态性

10.2.1 多态性的概念

在面向对象程序设计中，多态性描述的是同一结构在执行时会根据不同的形式展现不同的效果。在 Python 中，多态性的表现形式有两种：方法重写和对象多态性。方法重写的含义是，子类继承父类后可以依据父类方法的名称进行方法体的重新定义。对象多态性是指在方法重写的基础上，将方法名称作为标准，可以在不考虑具体类型的情况下，实现不同子类中方法的调用。

【实例 10-6】类的多态性。
源程序如下：

```
SI10_6.py ×
1   class Fruit(object):
2       def Hue(self):
3           print("-- 水果是有颜色的 --")
4   class Apple(Fruit):
5       def Hue(self):
6           Fruit.Hue(self)
7           print("-- 苹果是红色的 --")
8   class Banana(Fruit):
9       def Hue(self):
10          Fruit.Hue(self)
11          print("-- 香蕉是黄色的 --")
12  class Orange(Fruit):
13      def Hue(self):
14          Fruit.Hue(self)
15          print("-- 橘子是橙色的 --")
16  def fun(obj):
17      obj.Hue()
18  apple = Apple()
19  fun(apple)
20  banana = Banana()
21  fun(banana)
22  orange = Orange()
23  fun(orange)
```

程序运行结果如下：

-- 水果是有颜色的 --

-- 苹果是红色的 --

-- 水果是有颜色的 --

-- 香蕉是黄色的 --

-- 水果是有颜色的 --

-- 橘子是橙色的 --

代码分析：

该程序设置了四个类，它们的关系是：Fruit（水果）是父类，Apple（苹果）、Banana（香蕉）和Orange（橘子）三个都是Fruit类的子类。在Fruit父类和三个子类中都有Hue()方法，三个子类中的Hue()同名函数除继承Fruit父类外，都进行了重写，赋予了新的属性。

程序的运行从第18行开始，先设置了Apple子类的对象apple，然后执行第19行的fun()方法，参数是apple，调用第5行Apple子类中的Hue()方法，先执行继承的Fruit父类的Hue()方法，输出"-- 水果是有颜色的 --"，再继续执行Apple子类中的Hue()方法，输出"-- 苹果是红色的 --"。

程序的运行又从第20行开始，先设置了Banana子类的对象banana，然后执行第21行的fun()方法，参数是banana，调用第9行Banana子类中的Hue()方法，先执行继承的Fruit父类的Hue()方法，输出"-- 水果是有颜色的 --"，再继续执行Banana子类中的Hue()方法，输出"-- 香蕉是黄色的 --"。

程序的运行再从第22行开始，先设置了Orange子类的对象orange，然后执行第23行的fun()方法，参数是orange，调用第13行Orange子类中的Hue()方法，先执行继承的Fruit父类的Hue()方法，输出"-- 水果是有颜色的 --"，再继续执行Orange子类中的Hue()方法，输出"-- 橘子是橙色的 --"。

由于方法重写，实现了水果颜色的多态性。由此可见，实现多态性的基础是继承和方法重写。

10.2.2 多态性的实现

多态性是面向对象程序设计的关键技术之一，是面向对象程序设计最有力的标志性特征。若程序设计语言不支持多态性，就不能称为面向对象的语言。利用多态性技术，可以调用同一名字的方法，实现完全不同的功能。

为了实现多态性，必须在父类中声明虚方法，Python语言中的方法都具有虚方法的特性。有时父类中声明的方法无法实现具体的功能，例如父类为形状类，没有具体形状是无法计算面积并输出的。但是考虑到子类继承的需要，必须在父类中预留一个方法名，具体的功能留给子类根据需要去声明。此时，父类方法没有具体的方法体，可以将它写为pass。设置这样方法的类，有时称为抽象类。实际上，抽象类就是一个不具有任何具体功能方法的类，这种类中的方法的唯一作用就是让子类重写方法。

【**实例 10-7**】从形状类派生出正方形类和圆形类，分别根据它们的周长，求边长（或半径）及面积。

源程序如下：

```python
class Shape(object):
    def Dasp(self, x):
        pass
class Square(Shape):
    def Dasp(self, x):
        print("正方形的边长是：", x/4)
        print("正方形的面积是：", x/4*x/4)
class Circle(Shape):
    def Dasp(self, x):
        print("圆形的半径是：", x /(2*3.1416))
        print("圆形的面积是：", x*x / (2*(2*3.1416)))
s = Square()
s.Dasp(24)
c = Circle()
c.Dasp(24)
```

程序运行结果如下：

```
正方形的边长是： 6.0
正方形的面积是： 36.0
圆形的半径是： 3.8197097020062643
圆形的面积是： 45.83651642475172
```

代码分析：

第 1 行创建了一个抽象父类 Shape（形状）。

第 4 行创建了一个正方形子类 Square（正方形）。

第 8 行创建了一个圆形子类 Circle（圆形）。

程序的执行从第 12 行开始。

第 12 行创建了一个正方形子类的对象 s，第 13 行中，通过对象 s 以实际参数 24 调用 Dasp() 方法，由于继承父类放置在第 2 行和第 3 行的 Dasp() 方法是一个虚方法，具体执行第 4 行所示的正方形子类放置在第 5 行的正方形子类的成员方法 Dasp()，将周长 24 这一实际参数传给形式参数 x，通过第 6 行输出正方形的边长，通过第 7 行输出正方形的面积。

第 14 行创建了一个圆形子类的对象 c，第 15 行中，通过对象 c 以实际参数 24 调用 Dasp() 方法，由于继承父类放置在第 2 行和 3 行的 Dasp() 方法是一个虚方法，具体执行第 8 行所示的圆形子类放置在第 9 行的圆形子类的成员方法 Dasp()，将周长 24 这一实际参数传给形式参数 x，通过第 10 行输出圆形的半径，通过第 11 行输出圆形的面积。

自我检测题

一、单一选择题

1. 关于子类继承父类成员的论述正确的提法是（　　　）。
   A. 继承所有公有成员
   B. 只继承公有属性
   C. 只继承公有方法
   D. 可继承任何成员

2. 以下表示 C 类继承 A 类和 B 类的格式中正确的是（　　　）。
   A. class C A,B:
   B. class C(A,B)
   C. class C(A,B):
   D. class C A snd B:

3. 子类继承多个父类的实质是（　　　）。
   A. 拥有多个父类的属性
   B. 拥有多个父类的方法
   C. 拥有多个父类的功能
   D. 以上说法都正确

4. 在继承关系中关于共性和特性的说法，正确的应该是（　　　）。
   A. 特性在父类中
   B. 特性在子类中
   C. 共性在子类中
   D. 无法确定

5. 在实现多态性时，对父类的要求正确的是（　　　）。
   A. 父类必须是一个实际的类
   B. 父类必须有具体的方法
   C. 父类可以只有方法名，方法体记为 pass
   D. 以上说法都不对

二、填空题

1. 在继承关系中，已有的、被设计好的类称为_____类，新设计的类称为_____类。

2. 父类的_____属性和方法是不能被子类继承的，更不能被子类_____。

3. 如果需要在子类中调用父类的方法时，可以使用内置函数_____或通过_____的方式来实现。

4. 子类想按照自己的方式实现方法，需要_____从父类_____的方法。

5. 实现类的多态性的基础是_____和_____。

应用篇

第 11 章

海龟绘图

11.1 绘制图形基础

11.1.1 初识海龟

在 Python 中，经常要用到一些模块。模块是给程序提供有用代码的一种方式，这是因为 Python 模块就是一些函数、类和变量的组合。简言之，模块可以提供编程时所需要的函数。在 Python 中，有一个特殊的模块 turtle，它不仅可以用来画简单的黑线，还可以用来画复杂的几何图形，用不同的颜色给图形填充颜色，完成绘图工作。由于 turtle 在英语中直译是"海龟"，加之工作时鼠标指针的形状很像一只小海龟，所以把这种绘图方式称为"海龟绘图"。

在程序中引入海龟模块之后，接下来创建一块画布，也就是用来绘图的空白空间。做法是调用海龟模块中的 pen 函数，该函数会自动创建一块画布，可以看到画布中间有一个小箭头，这个箭头就是一只小海龟。

海龟一开始是向右移动的，每移动一步即移动一个像素。控制海龟就像控制一支画笔，控制落笔的函数有：

- ❑ turtle.pendown()
- ❑ turtle.pd()
- ❑ turtle.down()

控制抬笔的函数有：

- ❑ turtle.penup()
- ❑ turtle.pu()
- ❑ turtle.up()

在计算机系统中，以用逗号分隔两个数字的方式表示某个点处于什么位置。（x，y）表示处于第 x 列第 y 行。如（2，4）表示第 2 列第 4 行。在坐标系中，原点的位置为（0，0），因此，（2，0）在 y 轴的上方 2 个单位处，（-2，0）在 y 轴的下方 2 个单位处；（0，2）在 x 轴的右方 2 个单位处，（0，-2）在 x 轴的左方 2 个单位处。

控制海龟位置的函数有：

- ❑ turtle.goto(x, y=None)
- ❑ turtle.setpos(x, y=None)
- ❑ turtle.setposition(x, y=None)

控制海龟转向的函数如下。

向右转：

- ❑ turtle.right()
- ❑ turtle.rt()

向左转：

- ❑ turtle.left()
- ❑ turtle.lt()

【实例 11-1】画出类似于等号（＝）的两条横向平行线，两条线的长度都是 100 像素，距离间隔为 50 像素。

源程序如下：

```
import turtle                 # 引用海龟绘图模块
turtle.forward(100)          # 海龟自动落笔指向右，向前方移动 100 像素
turtle.pu()                  # 海龟抬笔
turtle.left (90)             # 海龟左转 90° 朝上
turtle.goto(0, 50)           # 海龟快速移动到 (0，50) 处
turtle.right (90)            # 海龟右转 90° 朝右
turtle.down()                # 海龟落笔重新绘图
turtle.forward(100)          # 海龟向右方移动 100 像素
turtle.done()                # 程序结束，绘图结果停留在屏幕上
```

程序运行结果如下：

代码分析见注释。

11.1.2 用海龟绘制多边形和半圆形

1. 用海龟绘制多边形

用海龟绘制多边形，要使用 circle() 函数。circle() 函数有三个参数，如下所示。

❑ Radius：表示半径，为正值时按逆时针方向旋转。

❑ extent：表示度数，用于绘制圆弧。

❑ steps：表示边数，用于绘制正多边形。如果不使用这个参数，直接绘制圆形。

circle() 函数的形式如下：

```
circle(radius, extent=None, steps=None)
```

在绘制正多边形时，radius 表示中心点到顶点的距离。在绘制圆时，radius 才表示半径。

【实例 11-2】用海龟绘制中心点到三个顶点的距离为 100 像素的正三角形。

源程序如下：

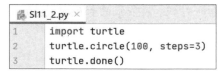

```
SI11_2.py ×
1    import turtle
2    turtle.circle(100, steps=3)
3    turtle.done()
```

程序运行结果如下：

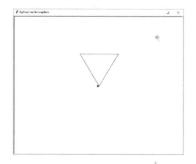

【**实例 11-3**】用海龟绘制中心点到四个顶点的距离为 100 像素的正方形。

源程序如下：

```
SI11_3.py ×
1    import turtle
2    turtle.circle(100, steps=4)
3    turtle.done()
```

程序运行结果如下：

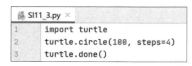

2. 用海龟绘制半圆形

【**实例 11-4**】用海龟绘制直径 200 像素的半圆形。

半圆形是由一条长度为 200 像素的线段和一个半径为 100 像素的半圆弧构成的，可以先绘制一条长度为 200 像素的线段，再使海龟向左转向 90º，最后绘制一个半径为 100 像素、角度为 180º 的圆弧即可。

源程序如下：

```
SI11_4.py ×
1    import turtle
2    turtle.forward(200)
3    turtle.left(90)
4    turtle.circle(100, 180)
5    turtle.done()
```

程序运行结果如下：

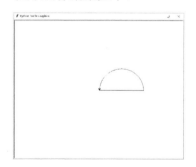

11.1.3 用海龟输出文字

用海龟处理文字输出，要使用 write() 函数，即"写"函数。write() 函数有 4 个参数分别如下。

- ❑ move：输出完毕时海龟停留的位置，False（默认）表示移动到文字右侧停留，True 表示移动到文字左侧停留。
- ❑ 文字：要输出的内容，不能为空。
- ❑ align：对齐方式，共有 left（左，默认）、center（中间）和 right（右）三种方式。
- ❑ font：字体格式，包括字体名称、字号和字体类型三个。

write() 函数的形式为：

```
write( 文字 , move=False, align= "left", font=("Arial", 8, "normal"))
```

【实例 11-5】用海龟输出文字。

源程序如下：

```
SI11_5.py ×
1  import turtle
2  turtle.color('red', 'red')
3  turtle.write("我喜爱海龟绘图! ", align="center", font=("黑体",32,"normal"))
4  turtle.hideturtle()
5  turtle.done()
```

程序运行结果如下：

程序中用 color('red', 'red') 设置字体颜色，用 hideturtle() 隐藏海龟图标。

1. 绘制虚线

虚线是由一条条短的实心线段组成的，可以通过不断抬起、落下笔头来完成绘制。

【实例 11-6】用海龟绘制虚线。

源程序如下：

```
import turtle
for i in range(30):
    turtle.pendown()
    turtle.forward(5)
    turtle.penup()
    turtle.forward(5)
turtle.done()
```

程序运行结果如下：

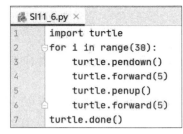

2. 绘制虚线圆

虚线圆由众多很小度数的圆弧组成。如果虚线圆的半径为 100 像素，通过不断地绘制一段圆弧和一个空白，共需要绘制 40 次，每次应绘制的圆弧度数为 360°/40/2（包括一实一虚），因此可以通过 turtle.circle(100, 360/40/2) 来实现。

【实例 11-7】用海龟绘制虚线圆。

源程序如下：

```
import turtle
for i in range(0, 40):
    turtle.pendown()
    turtle.circle(100, 360/40/2)
    turtle.penup()
    turtle.circle(100, 360/40/2)
turtle.done()
```

程序运行结果如下：

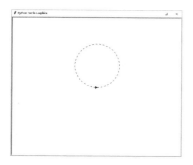

3. 绘制任意角数的彩色多角星

以绘制 15 角星为例，每次向前绘制一条线段，再转动一定的角度（180 度 -180 度 / 15）就可以实现。为了好看，还可以涂上颜色。

【实例 11-8】用海龟绘制任意角数的彩色多角星。

源程序如下：

```
SI11_8.py ×
1    import turtle
2    turtle.color("red", "yellow")
3    turtle.width(3)
4    turtle.begin_fill()
5    for i in range(15):
6        turtle.forward(200)
7        turtle.left(180-180/15)
8    turtle.end_fill()
9    turtle.hideturtle()
10   turtle.done()
```

程序运行结果如下：

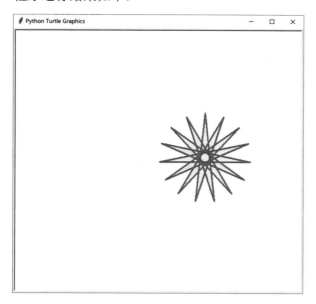

代码分析：

color 函数 () 有两个参数，第一个是线条颜色（在本例中是红色），第二个是填充色（在本例中是黄色）。

width(3) 表示设置线条的宽度为 3 像素。

begin_fill() 表示开始填充，end_fill() 表示填充之后结束。

left(180-180/15) 表示每绘制一条线段之后，海龟朝左转体 168°。

11.2 绘制爱心

可以近似地将爱心看成是由一个旋转了 45° 的正方形和两个半圆形的组合，正方形的边长正好等于半圆形的直径。假定正方形的边长为 200，以爱心的底部尖角为绘图的起始点，按逆时针方向绘制出爱心的轮廓，再在轮廓中填充颜色，就可完成爱心的绘制。

这里使用海龟绘图模块来绘制。海龟绘图模块的函数主要分为画笔移动函数、画笔控制函数、全局控制函数三类。

画笔移动函数及功能见表 11-1。

表 11-1　画笔移动函数及功能

函数	功能
forward(n)	向画笔的当前方向移动 n 像素
backward(n)	向画笔当前方向的相反方向移动 n 像素
left(n)	让画笔按逆时针（即向左方向）旋转 n 度
right(n)	让画笔按顺时针（即向右方向）旋转 n 度
pendown()	落下画笔
penup()	抬起画笔
speed(s)	设置画笔移动的速度，s 为 0 ～ 10 的整数
goto(x, y)	将画笔移动到坐标为（x, y）的位置
circle(r, n)	绘制半径为 r、角度为 n 的圆弧。半径 r 为正值，表示圆心在画笔的左边，半径 r 为负值，表示圆心在画笔的右边。若缺省 n，则绘制一个圆形

画笔控制函数及功能见表 11-2。

表 11-2　画笔控制函数及功能

函数	功能
pensize(n)	设置画笔的粗细
pencolor(color)	设置画笔的颜色
fillcolor(color)	设置图形的填充颜色
color(color1, color2)	同时设置画笔的颜色和图形的填充颜色，其中，color1 为画笔颜色，color2 为图形填充色

函数	功能
begin_fill()	准备开始填充图形
end_fill()	填充上次调用 begin_fill() 之后绘制的图形完成后结束
hideturtle()	隐藏画笔
showturtle()	显示画笔

全局控制函数及功能见表 11-3。

表 11-3 全局控制函数及功能

函数	功能
clear()	清空画布，不改变画笔的位置和状态
reset()	重置画布，让画笔回到初始状态
undo()	撤销画笔的上一个动作
stamp()	复制当前图形
write(a[, m=("m-name", m-size, "m-type")])	在画布上输出文本内容。a 为文本内容；m 为可选的字体参数，包括字体名称、字号和字体类型
done()	绘制结束，程序运行结果显示在屏幕上

用海龟绘制爱心的源程序如下：

```
绘制爱心.py ×
1    import turtle as t
2    t.color("red", "red")
3    t.pensize(2)
4    t.penup()
5    t.goto(0, -100)
6    t.pendown()
7    t.begin_fill()
8    t.left(45)
9    t.forward(200)
10   t.circle(100, 180)
11   t.right(90)
12   t.circle(100, 180)
13   t.forward(200)
14   t.end_fill()
15   t.hideturtle()
16   t.done()
```

```
绘制爱心.py ×
1    from turtle import*
2    color("red", "red")
3    pensize(2)
4    penup()
5    goto(0, -100)
6    pendown()
7    begin_fill()
8    left(45)
9    forward(200)
10   circle(100, 180)
11   right(90)
12   circle(100, 180)
13   forward(200)
14   end_fill()
15   hideturtle()
16   done()
```

程序运行结果如下：

代码分析：

turtle 模块有两种导入方法，前面实例中使用的是"import 模块名"方法，本实例除采用这种方法并用"as t"取"turtle"的别名之外，还使用了"from 模块名 import 函数名"的方法。这是因为通过这种方法导入模块后，在后续代码中可以直接使用函数名调用模块中的函数，无须加上模块名前缀。此外，因为绘制爱心要使用的函数有很多个，所以，会采用通配符 (*) 代替函数名，写成"from turtle import *"，表示要导入模块中的所有函数。

第 2 行和第 3 行中，在开始绘制之前，先要设置好画笔的参数，包括画笔的颜色、图形的填充颜色、画笔的粗细等。在这里，画笔的颜色和图形的填充颜色都是红色，画笔的粗细为 2 像素。

第 4~6 行中，先将画笔抬起，然后将画笔移动到绘制的起始点，再让画笔落下，这样起笔的位置就设置好了。这里设定绘制的起始点的坐标为（0，-100）。

第 7~10 行中，完成画笔的参数和起笔位置的设置后，就可以开始绘制爱心了。先启用图形填充功能，然后从爱心底部的尖角开始朝逆时针方向绘制。由于画笔的初始方向为 x 轴的正方向，所以先将画笔朝逆时针方向旋转 45º，再向前移动 200 像素，完成正方形一条边的绘制。然后绘制一个直径和正方形边长相等的半圆，这样就完成了右半边爱心轮廓的绘制。

第 11~13 行中，绘制完右半边爱心轮廓之后，将画笔旋转 90º，再绘制一个直径和正方形边长相等的半圆，然后将画笔向前移动 200 像素，这样就完成了左半边爱心轮廓的绘制。这样，整个爱心轮廓绘制完毕。

第 14 行和第 15 行发出结束填充的命令，为爱心轮廓填充预先设定的红色。为了让爱心的屏幕显示效果更加美观，将画笔隐藏。

第 16 行：结束整个绘制工作。

11.3　绘制奥运五环

有了前面的基础，绘制奥运五环就显得比较简单了。除黑环默认在中间之外，其他四环的绘制过程都分如下五步：①抬笔；②移笔；③落笔；④选色；⑤画环。其中，移笔就是重新确定环心位置坐标。画笔的粗细定为 5 像素，环的半径定为 50 像素。

绘制奥运五环的源程序如下：

```
奥运五环.py  ×
1    import turtle as t
2    t.pensize(5)
3    t.circle(50)
4    t.penup()
5    t.goto(-110, 0)
6    t.pendown()
7    t.color("blue")
8    t.circle(50)
9    t.penup()
10   t.goto(110, 0)
11   t.pendown()
12   t.color("red")
13   t.circle(50)
14   t.penup()
15   t.goto(55, -50)
16   t.pendown()
17   t.color("yellow")
18   t.circle(50)
19   t.penup()
20   t.goto(-55, -50)
21   t.pendown()
22   t.color("green")
23   t.circle(50)
24   t.hideturtle()
25   t.done()
```

程序运行结果如下：

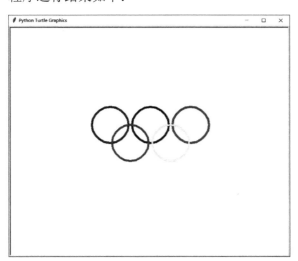

11.4 绘制时钟

本节准备绘制的时钟如图 11-1 所示。

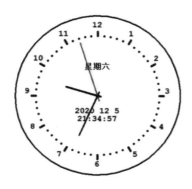

图 11-1 绘制的时钟

绘制任务分为绘制钟盘、绘制刻度、绘制指针、标注文字、让指针动起来五步。

1. 绘制钟盘

从图 11-1 可以看出，时钟的钟盘即外框是一个半径一定大小的圆形。先确定时钟中心（简称钟心）的位置，按坐标的规定，右方为 0°（朝东），左方为 180°（朝西），上方为 90°（朝北），下方为 270°（朝南），这种规定称为标准模式。按时钟的规定，上方为 0°（0 时），右方为 90°（3 时），下方为 180°（6 时），左方为 270°（9 时），这种规定称为标识模式。选一块 600×600 像素的画布，确定钟心的位置坐标为（10，100）。钟心的标志是一个大小为 10 像素的圆点，从下方相距 200 像素的位置开始，用粗细为 3 像素的画笔画一个半径为 200 像素的圆形。

2. 绘制刻度

刻度的位置定在内框上，将画笔调整至上方相距 150 像素处，落笔绘制一个大小为 5 像素的圆点，作为 0 时 0 刻的标志。画笔调整至东方，以半径为 150 像素，弧度为 360°/60=6°，移动后落笔绘出 59 个大小为 5 像素的小圆点，作为秒位置的标记。

3. 绘制指针

时钟的指针共有时针、分针和秒针三种，绘制工作分两步进行。先确定它们的形状，以钟心为轴心，后端为该针长度标准的 0.1，前端为该针长度标准的 1.1。时针的长度标准为 80 像素，分针的长度标准为 110 像素，秒针的长度标准为 140 像素。时针的宽度为 4 像素，分针的宽度为 3 像素，秒针的宽度为 2 像素。具体绘制在第 5 步中进行。

4. 标注文字

从图 11-1 可以看到，该时钟的文字有小时、星期、日期和时间。除了表示小时的 1

至 12 是静态的，其余三个都是动态的。1 至 12 的位置可以看成是一个 12 边形的各个顶点，每个顶点与中心的连线相隔 360°/12=30°。先将画笔回到初始位置，选择画笔的粗细为 5 像素，起始位置为 30° 即"1"的位置。前进 150 像素，落笔画长度为 10 像素的线段，作为"秒"位的标志。然后选定恰当位置绘制"1"至"12"。

至于当前的星期、日期和时间，只要定位在指定位置并显示文本就可以了。

5. 让指针动起来

为了让指针动起来，先要创建三个画笔，分别控制时针、分针和秒针的落笔绘制、隐藏光标、抬笔、移动……这样就可产生"动"的效果。但是，时针移动的周期是 1 小时，分针移动的周期是 1 分钟，秒针移动的周期是 1 秒。如何进行控制？

首先计算时针应转过的角度。

假设系统当前时间是 h 小时 m 分钟，总共是 $(h \times 60+m)$ 分钟，时针转 1 圈是 12 小时，共 12×60 分钟，共转过 360°，所以 1 分钟时针转过的角度是：

$360°/(12 \times 60) \times (h \times 60+m) =(h \times 30+m/2)$ °

其次计算分针应转过的角度。

分针转 1 圈是 60 分钟，转过 360°，所以 m 分共转过的角度是 $(m \times 360°/60) =6m$°

最后计算秒针应转过的角度。

秒针转 1 圈是 60 秒，转过 360°，所以 s 秒钟共转过的角度是 $(s \times 360°/60) =6s$°

根据以上计算可以得出时针、分针和秒针按照当时系统时间各应转过的角度数，再应用画笔的跟踪函数和延迟执行函数等绘制动画函数，延迟执行时间控制在 1000 毫秒即 1 秒，就可以使它们正确转动起来。

源程序如下：

```
绘制时钟 .py
1   from turtle import *
2   from datetime import *
3
4   def Skip(step):
5       penup()
6       forward(step)
7       pendown()
8
9   def Date(tim):
10      y = tim.year
11      m = tim.month
12      d = tim.day
13      return "%s %d %d" % (y, m, d)
14
15  def Week(tim):
16      week = ["星期一 ", "星期二 ", "星期三 ", "星期四 ", "星期五 ",
17              "星期六 ", "星期日 "]
```

```
18      return week[tim.weekday()]
19
20 def SetupClock():
21      mode("logo")
22      setup(600, 600, 10, 100)
23      dot(10)
24      seth(-90)
25      Skip(200)
26      pensize(3)
27      seth(0)
28      circle(-200)
29      seth(90)
30      Skip(50)
31      dot(5)
32      seth(0)
33      for _ in range(59):
34          pu()
35          circle(-150, 6)
36          pd()
37          dot(5)
38      pu()
39      home()
40      pensize(5)
41      seth(30)
42      for i in range(12):
43          fd(150)
44          pd()
45          fd(10)
46          if (i < 2 or i > 8):
47              Skip(5)
48          elif (i == 2 or i == 8):
49              Skip(10)
50          elif (i == 3 or i == 7):
51              Skip(20)
52          else:
53              Skip(25)
54          write(i + 1, align="center", font=('Courier', 15, 'bold'))
55          up()
56          setx(0)
57          sety(0)
58          rt(30)
59
60 def makePoint(pointName, length):
61      home()
```

```
62      pu()
63      begin_poly()
64      back(0.1 * length)
65      forward(length * 1.1)
66      end_poly()
67      poly = get_poly()
68      register_shape(pointName, poly)
69      home()
70
71 def drawPoint():
72      global hourPoint, minPoint, secPoint, fontWriter
73      makePoint("hourPoint", 80, )
74      makePoint("minPoint", 110)
75      makePoint("secPoint", 140)
76      hideturtle()
77      hourPoint = Pen()
78      hourPoint.shape("hourPoint")
79      hourPoint.shapesize(1, 1, 4)
80      minPoint = Pen()
81      minPoint.shape("minPoint")
82      minPoint.shapesize(1, 1, 3)
83      secPoint = Pen()
84      secPoint.shape("secPoint")
85      secPoint.shapesize(1, 1, 2)
86      secPoint.pencolor('red')
87      fontWriter = Pen()
88      fontWriter.hideturtle()
89
90 def ShowTime():
91      tim = datetime.today()
92      curr = datetime.now()
93      curr_hour = curr.hour
94      curr_minute = curr.minute
95      curr_second = curr.second
96      tracer(False)
97      hourPoint.setheading(curr_hour * 30 + 1 / 2 * curr_minute)
98      minPoint.setheading(curr_minute * 6)
99      secPoint.setheading(curr_second * 6)
100     fontWriter.clear()
101     fontWriter.up()
102     fontWriter.setx(0)
103     fontWriter.sety(-50)
104     fontWriter.write(Date(tim), align="center", font=("Courier",
15,"bold"))
```

```
105            fontWriter.setx(0)
106            fontWriter.sety(-70)
107            fontWriter.write(str(tim.hour) + ":" + str(tim.minute) +
":" + str(tim.second), align="center",
108                            font=("Courier", 15, "bold"))
109            fontWriter.setx(0)
110            fontWriter.sety(60)
111            fontWriter.write(Week(tim), align="center",
font=("Courier", 15, "bold"))
112            tracer(True)
113            ontimer(ShowTime, 1000)
114
115    def main():
116        tracer(False)
117        SetupClock()
118        drawPoint()
119        tracer(True)
120        ShowTime()
121        done()
122
123    if __name__ == "__main__":
124        main()
```

程序运行结果如下：

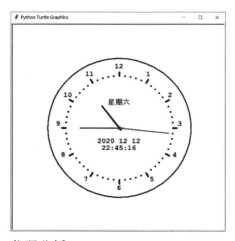

代码分析：

本程序由一个主函数和另外 6 个函数组成。因为其中调用了多个海龟绘制模块的函数和时间函数，所以开始要包含海龟绘制和时间模块，以便调用相应函数。

为了便于理解，从程序的执行顺序进行分析。

程序的执行是从第 123 行和第 124 行调用主函数开始的。

主函数被调用后，首先执行第 116 行，关闭画笔跟踪动画函数，不显示绘制过程，直接显示绘制结果。

接着执行第 117 行，调用第 20 行绘制时钟框函数 SetupClock()，第 21 行选用标识模式（即海龟模式），这样使用起来更方便。

第 22 行和第 23 行，设置一块 600×600 像素的画布，确定时钟的中心位置，并绘制一个大小为 10 像素的圆点。

第 24 行，将画笔转向朝下。

第 25 行，用 200 像素作为参数调用第 4 行控制画笔函数 Skip()，第 5 行，抬笔；第 6 行，向前移动 200 像素的距离；第 7 行，落笔。

返回第 26 行，将画笔粗细设定为 3 像素。

第 2 个 7 行和第 28 行，从中心点右边 200 像素处起，绘制一个半径为 200 像素的圆形。负号表示在中心点的右方。

第 29 行，将画笔转向朝上。

第 30 行，用 50 像素作为参数调用第 4 行控制画笔函数 Skip()，第 5 行，抬笔；第 6 行，向前移动 50 像素的距离；第 7 行，落笔。

返回第 31 行，将画笔粗细设定为 5 像素，绘制一个圆点，作为内框"秒"位起始点。

第 32 行，将画笔转向朝右。第 33~37 行，通过 59 次循环，以 150 像素为半径，转动 360º/60=6º 再落笔，将画笔粗细设定为 5 像素，绘制 59 个圆点，作为内框"秒"位标记。第 38 行，抬笔。

第 39 行，画笔中心。将画笔粗细设定为 5 像素，画笔右转 30º，第 42~58 行，通过循环 12 次，绘制 12 条长度为 10 像素的线段，作为时钟"小时"位刻度，并在指定位置绘制"1"至"12"对应小时的数字。因为循环变量是从 0 开始的，所以使用文字的内容从"i+1=0+1=1"开始，每循环一次自动增加 1，这样就绘制好 12 个数字。文字的字体设定为黑体，字号为 15 磅，字形加粗。每次自动抬笔、返回中心、转向 30º，完成标记刻度和绘制"1"至"12"数字的任务。

返回主函数，执行第 118 行，调用第 71 行 drawPoint() 函数，分别定义了 hourPoint、minPoint、secPoint 三个变量，用来代表时针、分针、秒针。

第 73 行，用"时针"名称和长度 80 像素作为参数，调用第 60 行的 makePoint() 函数，准备绘制时针，先确定"时针"的形状：以钟心为转轴，第 64 行和第 65 行，时针后端长为 0.1×80 像素 =8 像素，前端长为 1.1×80 像素 =88 像素。

第 74 行，用"分针"名称和长度 110 像素作为参数，调用第 60 行的 makePoint() 函数，准备绘制分针，先确定"分针"的形状：以钟心为转轴，第 64 行和第 65 行，分针后端长为 0.1×110 像素 =11 像素，前端长为 1.1×110 像素 =121 像素。

第 75 行，用"秒针"名称和长度 140 像素作为参数，调用第 60 行的 makePoint() 函数，准备绘制秒针，先确定"秒针"的形状：以钟心为转轴，第 64 行和第 65 行，秒针后端长为 0.1×140 像素 =14 像素，前端长为 1.1×140 像素 =154 像素。

第 76 行，隐藏海龟画笔。

第 77~79 行，重新定义一个时针画笔 hourPoint，用来管理时针的相关属性。每个新指针都是一个新的海龟。

第 80~82 行，重新定义一个分针画笔 minPoint，用来管理分针的相关属性。

第 83~86 行，重新定义一个秒针画笔 secPoint，用来管理秒针的相关属性，其中多增加了一项，把秒针设定为红色。

第 87 行和第 88 行，新定义一个画笔，管理"写"的相关属性，主要是用于清空以前输出的时间值。

返回主函数，执行第 119 行，启用画笔跟踪绘制动画函数，显示绘制过程。

第 120 行，调用第 90 行 ShowTime() 显示时间函数。

第 91~95 行，通过第 9 行的 Date(tim) 函数显示系统当前日期和时间（精确到小数点后面第 6 位）。

第 96 行，关闭画笔跟踪绘制动画函数，不显示绘制过程，直接显示绘制结果。

第 97~99 行，显示时针、分针、秒针。

第 100 行，清空指定画笔的历史绘制结果，保持画笔的方向和位置不变，清空画布。

第 101 行，抬起画笔。

第 102~104 行，将画笔定位到坐标（0,–50）处写日期。

第 105~107 行，将画笔定位到坐标（0,–70）处写时间。

第 109~111 行，将画笔定位到坐标（0, 60）处写星期。

第 112~113 行，启用画笔跟踪绘制动画函数，用延迟执行动画绘制函数，将 ShowTime() 显示时间函数的执行时间控制在 1000 毫秒即 1 秒。

第 121 行，结束程序运行，显示运行结果。done() 函数与 mainloop() 函数作用等价。

至此，代码分析完毕。此程序函数调用过程较为复杂，故进行了详细解释。

第 12 章

图形界面

图形界面即图形用户界面（Graphical User Interface，GUI），是指采用图形方式显示的计算机操作界面。与早期计算机使用的命令行界面（例如 Python 的 IDLE 窗口）相比，图形用户界面对用户更加友好，用户不必记忆命令，使用鼠标等输入设备控制屏幕上的按钮或者菜单等组件，就能直观、快捷地完成操作。在 GUI 中，并不只有输入文本和返回文本，用户可以看到窗口、按钮、文本框等图形，可以用鼠标单击，也可以用键盘输入，GUI 是与程序交互的一种不同的方式。GUI 的程序有三个基本要素：输入、处理和输出。

对于 Python 的 GUI 开发，有很多工具包可供选择，tkinter（也称为 Tk 接口）是 Tk 图形用户界面工具包标准的 Python 接口。Tk 是一个轻量级的跨平台的图形用户界面开发工具。在 Python 中利用 tkinter 模块可以很方便地实现图形界面。tkinter 模块中提供了多种不同的窗体组件，这些组件如表 12-1 所示。

表 12-1　tkinter 模块中的多种不同窗体组件

序号	组件	描述
1	Button	按钮控件，在界面中显示一个按钮
2	Canvas	画布组件，在界面中显示一块画布，然后在其上进行绘制
3	Checkbutton	多选框组件，可以实现多个选项的选定
4	Entry	输入控件，用于显示简单的文本内容
5	Frame	框架控件，在进行排版时实现子排版模型
6	Label	标签组件，可以显示文字或图片信息
7	Listbox	列表框组件，可以显示多个列表项
8	Menu	菜单组件，在界面上端显示菜单栏、下拉菜单或弹出菜单
9	Menubutton	菜单按钮组件，为菜单定义菜单项
10	Message	消息组件，用来显示提示信息
11	Radiobutton	单选按钮组件，可以实现单个菜单项的选定
12	Scale	滑动组件，设置数值的可用范围，通过滑动切换数值
13	Scrollbar	滚动条组件，为外部包装组件，当有多个组件，无法正常显示时，才会出现
14	Text	文本组件，可以实现文本或图片信息的显示
15	Toplevel	容器组件，可以实现对话框
16	Spinbox	输入组件，与 Entry 组件对应，可以设置访问的输入数据
17	PanedWindow	窗口布局组件，可以在内部提供一个子容器实现子窗口定义
18	LabelFrame	容器组件，实现复杂组件布局
19	tkMessageBox	信息组件，可以显示提示框

12.2　简易计算器

图形用户界面设计可以用于实现计算器的外观，然而界面中的各个组件和控件的功能还需要另外编程才能实现。计算器的功能可以简单也可以复杂，根据需要和能力决定要实现哪些功能。首先要实现的自然是四则运算，接下来设计一台只能做加、减、乘、除的简易计算器。

图形用户界面通常需要有一个窗口，用于放置界面中的按钮和文本框等组件。可以利用 tkinter 模块生成一个窗口，设置好窗口的大小和标题。

首先导入所需模块。这里需要用 re 模块来分隔字符串，用 tkinter 模块来设计图形用户界面，因此，在开头导入这两个模块。

其次确定窗口的大小和位置坐标，创建窗口并设置标题。

最后定义计算器按钮的功能，这部分代码将是整个程序的核心。为了方便代码的调试和维护，并让代码的结构更加清晰、易懂，可以采用自定义函数的方式来编写这部分代码。

简易计算器界面主要是由按钮和文本框构成，可以通过编程放置它们。

接下来按照上述步骤编写代码来设计一台"简易计算器"。

源程序如下：

```python
import re
import tkinter, tkinter.messagebox

window = tkinter.Tk()
window.geometry('300x270+400+100')
window.resizable(False, False)
window.title('简易计算器')

def ButtonOperation(m):
    theme = themeVar.get()

    if theme.startswith('.'):
        theme = '0' + theme
    if m in '0123456789':
        theme += m
    elif m == '.':
        SegmentationPart = re.split(r'\+|-|\*|/', theme)[-1]
        if '.' in Segmentationpart:
            tkinter.messagebox.showerror('错误', '重复出现的小数点')
            return
        else:
            theme += m
    elif m == 'C':
        theme = ''
```

```
25          elif m in operators:
26              if theme.endswith(operators):
27                  tkinter.messagebox.showerror('错误', '不允许存在连续运算符')
28                  return
29              theme += m
30          elif m == '=':
31              try:
32                  theme = str(eval(theme))
33              except:
34                  tkinter.messagebox.showerror('错误', '算术错误')
35                  return
36          themeVar.set(theme)
37
38      themeVar = tkinter.StringVar(window, '')
39      themeEntry = tkinter.Entry(window, textvariable=themeVar)
40      themeEntry['state'] = 'readonly'
41      themeEntry.place(x=10, y=20, width=280, height=20)
42
43      figure = list('1234567890.') + ['=']
44      index = 0
45      for row in range(4):
46          for col in range(3):
47              a = figure[index]
48              index += 1
49              m_figure = tkinter.Button(window, text=a, command=lambda x=a: ButtonOperation(x))
50              m_figure.place(x=20 + col * 70, y=80 + row * 50, width=50, height=20)
```

```
51
52      operators = ('+', '-', '*', '/')
53      for index, operator in enumerate(operators):
54          m_operator = tkinter.Button(window, text=operator, command=lambda x=operator: ButtonOperation(x))
55          m_operator.place(x=230, y=80 + index * 50, width=50, height=20)
56      m_Clear = tkinter.Button(window, text='C', command=lambda: ButtonOperation('C'))
57      m_Clear.place(x=80, y=40, width=140, height=20)
58
59      window.mainloop()
```

程序运行结果如下：

代码分析如下。

1. 设置窗口的大小和标题

第 4 行：创建窗口并赋值给变量 window。

第 5 行：指定窗口的大小，括号中的数字从左到右依次表示窗口的宽度为 300 像素，高度为 270 像素，x 坐标为 400，y 坐标为 100（x、y 坐标都是相对于计算机屏幕的位置）。

第 6 行：设置窗口的大小不可调整。

第 7 行：设置窗口的标题为"简易计算器"。

2. 定义计算器的功能

第 9 行：创建一个自定义函数 ButtonOperation()，表示按钮操作，意思是这个自定义函数下的代码都是关于计算器上每个按钮的功能的。设置形式参数为 m，这个参数代表按下的按钮。

第 10 行：使用 get() 函数获取文本框中的字符串，并赋值给变量 theme。

第 12 行：使用 startswith() 函数检测变量 theme 的内容，看小数点是否在开头的位置。

第 13 行：若文本框的内容是以小数点开头的，则在小数点前面自动加上 0。

第 14 行：获取需要计算的数值，检测单击的是否是数字按钮。

第 15 行：如果是数字按钮，单击哪个就直接在变量 theme 代表的字符串中添加哪个数字。

第 16 行：定义小数点的功能及判断小数点是否重复出现。在一个数值中不能出现多个小数点。

第 17 行：将 theme 从 +、-、*、/ 这些字符处分开，[-1] 表示获取最后一个字符。

第 18~20 行：如果重复出现小数点，弹出提示框，显示错误信息。返回，要求重新输入。

第 21 行和第 22 行：如果没有重复出现小数点，则在 theme 中添加 m 的内容。

第 23 行和第 24 行：定义"C"按钮的功能，单击"C"按钮将会清除文本框中的内容。

第 25 行：使用 endswith() 函数判断是否出现连续的运算符。

第 26~28 行：如果是运算符，不能再输入。弹出报错窗口，报告"错误不允许存在连续运算符"。返回，要求重新输入。

第 29 行：如果没有问题，则在 theme 中继续添加 m 的内容。

第 30 行：定义"="按钮功能。

第 31~35 行为异常处理过程。

第 32 行：调用 eval() 转换函数，用字符串计算出结果。

第 33 行和第 34 行：如果计算式的计算结果发生异常（例如，除法运算的除数为 0 等），则弹出窗口报告错误，报告"错误算术错误"。

第 35 行：返回，要求重新输入。

第 36 行：用 set() 函数获取计算结果，并将计算结果返回到文本框中。

3. 放置文本框和计算器按钮

这一部分要在窗口中放置文本框和计算器按钮等组件，并设置它们的外观。文本框的功能类似现实中计算器上的显示屏，而按钮则是输入计算式的关键部件。

第 38 行：用 StringVar() 函数设置一个能够自动刷新的字符串变量。

第 39 行：用 Entry() 函数创建一个单行的文本框，文本框的内容存储在由 textvariable 参数指定的变量 themeEntry 中。

第 40 行：将文本框设置为只读形式，阻止改写。

第 41 行：设置文本框在窗口中的位置为 (10,20)，以及文本框的宽度 280 像素和高度 20 像素。

第 43 行：放置数字 0~9、小数点及"="按钮，将这 12 个按钮上要显示的文字放在一个列表中，并赋值给变量 figure。

第 44 行：在未进入循环之前，将变量 index 作为按钮文字列表的索引，并赋初值 0。

第 45~50 行使用嵌套的循环语句将 12 个按钮按照 4 行 3 列的方式放置。

第 47 行：按照索引从列表中取出按钮文字并赋予变量 a。

第 48 行：让索引的值自动增 1，顺序读取按钮上的文字。

第 49 行：根据取出的按钮文字创建按钮并调用自定义函数 ButtonOperation()，实现按钮的实际功能。

第 50 行用于设置按钮的位置和大小，按钮位置坐标跟循环变量 col、row 有关。12 个按钮的位置坐标分别是：

"1"按钮（20，80），"2"按钮（90，80），"3"按钮（160，80）。

"4"按钮（20，130），"5"按钮（90，130），"6"按钮（160，130）。

"7"按钮（20，180），"8"按钮（90，180），"9"按钮（160，180）。

"0"按钮（20，230），"."按钮（90，230），"="按钮（160，230）。

按钮的大小均为宽 50 像素和高 20 像素。

第 52 行：将运算符号放在一个元组中，并赋予变量 operators。

第 53~57 行使用循环语句放置运算符按钮。

第 53 行：使用 enumerate() 函数为运算符按钮添加序号，默认序号从 0 开始。

第 54 行：创建并放置运算符按钮，根据取出的按钮文字创建按钮并调用自定义函数 ButtonOperation()，实现按钮的实际功能。

第 55 行：设置按钮的位置和大小。因为按钮是从上往下依次放置的，所以 x 坐标不变，y 坐标逐渐增大。这 4 个按钮的位置坐标分别为"+"按钮（230，80），"-"按钮（230，130），"*"按钮（230，180），"/"按钮（230，230）。按钮的大小均为宽 50 像素和高 20 像素。

第 56 行和第 57 行：为了突出"C"按钮的作用，"C"按钮放置在所有按钮的上方。单击按钮后调用 ButtonOperation() 函数，实现清除文本框内容的功能。放置按钮的位置坐标为（80，40），按钮宽度为 140 像素，高度为 20 像素。

第 59 行：mainloop() 函数用于持续响应用户的操作，如果没有这行代码，计算器只能进行一次运算。

12.3 仿真"计算器"

"简易计算器"已经具备了图形用户界面的框架，但是常用的运算功能太少，只能做简单的四则运算。必须做一些必要改进，使它带有"仿真"色彩。

仿真"计算器"的图形用户界面如图 12-1 所示。

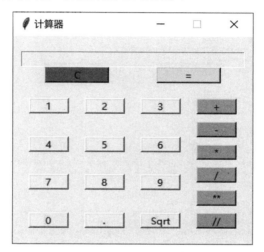

图 12-1　仿真"计算器"的图形用户界面

仿真"计算机"的源程序基于"简易计算器"的源程序修改如下：

```python
import re
import tkinter, tkinter.messagebox

window = tkinter.Tk()
window.geometry('300x270+400+100')
window.resizable(False, False)
window.title('计算器')

def ButtonOperation(m):
    theme = themeVar.get()

    if theme.startswith('.'):
        theme = '0' + theme
    if m in '0123456789':
        theme += m
    elif m == '.':
        SegmentationPart = re.split(r'\+|-|\*|/', theme)[-1]
        if '.' in Segmentationpart:
            tkinter.messagebox.showerror('错误', '重复出现的小数点')
            return
        else:
            theme += m
    elif m == 'C':
        theme = ''
```

```
25          elif m in operators:
26              if theme.endswith(operators):
27                  tkinter.messagebox.showerror('错误', '不允许存在连续运算符')
28                  return
29              theme += m
30          elif m == 'Sqrt':
31              n = theme.split('.')
32              if all(map(lambda x: x.isdigit(), n)):
33                  theme = eval(theme) ** 0.5
34              else:
35                  tkinter.messagebox.showerror('错误', '算术错误')
36                  return
37
38          elif m == '=':
39              try:
40                  theme = str(eval(theme))
41              except:
42                  tkinter.messagebox.showerror('错误', '算术错误')
43                  return
44          themeVar.set(theme)
45
46      themeVar = tkinter.StringVar(window, '')
47      themeEntry = tkinter.Entry(window, textvariable=themeVar)
48      themeEntry['state'] = 'readonly'
49      themeEntry.place(x=10, y=20, width=280, height=20)
50
```

```
51      figure = list('1234567890.') + ['Sqrt']
52      index = 0
53      for row in range(4):
54          for col in range(3):
55              a = figure[index]
56              index += 1
57              m_figure = tkinter.Button(window, text=a, command=lambda x=a: ButtonOperation(x))
58              m_figure.place(x=20 + col * 70, y=80 + row * 50, width=50, height=20)
59      operators = ('+', '-', '*', '/', '**', '//')
60
61      for index, operator in enumerate(operators):
62          m_operator = tkinter.Button(window, text=operator, bg='orange', command=lambda x=operator: ButtonOperation(x))
63          m_operator.place(x=230, y=80 + index * 30, width=50, height=20)
64      m_Clear = tkinter.Button(window, text='C', bg='red', command=lambda: ButtonOperation('C'))
65      m_Clear.place(x=40, y=40, width=80, height=20)
66      m_EqualSign = tkinter.Button(window, text='=', bg='yellow', command=lambda: ButtonOperation('='))
67      m_EqualSign.place(x=180, y=40, width=80, height=20)
68
69      window.mainloop()
```

四则运算结果如图 12-2 所示。

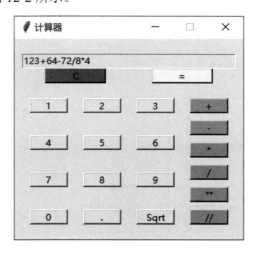

图 12-2　四则运算结果

求平方根运算结果如图 12-3 所示。

图 12-3　求平方根运算结果

乘方运算结果如图 12-4 所示。

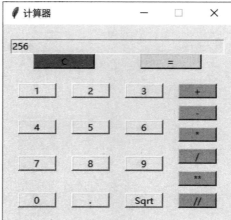

图 12-4 乘方运算结果

整除运算结果如图 12-5 所示。

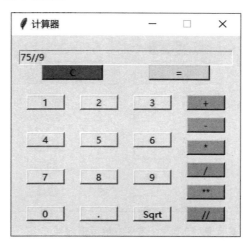

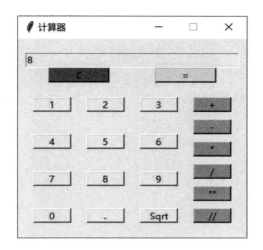

图 12-5 整除运算结果

代码分析：

与"简易计算器"相同部分这里不再重复介绍，下面只解释源程序修改的部分。

第 51 行：将"="按钮换成"Sqrt"按钮，增加求平方根功能，运算功能的实现及"="按钮另外设置。

第 30~36 行：增加求平方根的实现代码。

第 31 行：从"."处分隔并存入名为 n 的列表。

第 32 行：用 isdigit() 函数检测字符串列表中是否只是由数字组成，如果待处理数 x 中至少有一个字符及 x 中所有字符都是数字，返回 True，否则返回 False，并通过第 34~36 行报告错误"错误 算术错误"。这样做可以避免负数开平方。这是因为负数前面的"−"号是数的性质符号，不是数字。

第 59 行：增加乘方和整除运算功能。

第 66 行和第 67 行：设置新增"="按钮的位置和大小，以及单击按钮后调用 ButtonOperation() 函数实现"="按钮功能。

另外，为了实现弹出对话框报告错误，在导入模块中增加了 tkinter 模块下的 messagebox 模块。对运算按钮、"C"按钮、新增的 = 按钮均分别用"bg= 'orange'""bg= 'red'""bg= 'yellow'"涂上橙色、红色、黄色，予以强调。"C"按钮的位置坐标改为（40，40），"="按钮的位置坐标改为（180，40），两按钮的宽度改为 80 像素，高度仍是 20 像素。

第 13 章

数据库编程

13.1　数据库编程概述

数据是反映客观事物属性的记录，是描述或表达信息的具体表现形式，是信息的载体。在计算机应用领域，计算机所接收和处理的形式，例如字符、数字、图形、图像及声音等都可以称为数据。因此，数据泛指一切可以被计算机接收和处理的符号。根据存在形式，数据可以分为数值型（例如数量、价格、成绩等）和非数值型（人名、日期、文本、声音、图形、图像等）两类。这些数据可以被收集、存储、处理（加工、分类、计算等）、传播和使用。

信息是经过加工处理并对人类客观行为产生影响的数据表现形式。数据反映了信息的内容，而信息又要依靠数据来表达、传播。因此，可以说信息是数据的内涵，而数据则是信息的具体表现形式。两者不能截然分开，计算机进行数据交换也可以认为是信息交换，进行数据处理也就是进行信息处理，信息这种被加工成特定形式的数据，对于使用者是有意义的，具有明显的实用价值。

数据处理是指利用计算机将各种类型的数据通过一系列处理过程，在大量原始数据中获得人们所需要的资料，提取有用的数据成分，从而为人们的工作、活动和决策提供必要的数据基础和决策依据。数据的处理过程，包括对数据的采集、整理、存储、分类、排序、加工、检索、维护、统计和传输等。

13.2　数据库简介

顾名思义，数据库即数据的仓库，它是按一定的组织形式存储在一起的、相互关联的数据的集合。实际上，数据库就是一个存放大量数据的场所。数据库中的数据具有特定的组织结构，数据不是分散、孤立的，相互关联的数据按照某种数据模型有机地组织在一起。数据库具有数据的结构化、独立性、共享性、安全性、完整性和冗余量小等基本特点，是数据库管理系统中的基础和核心，为用户和应用程序提供了共享的基础。

目前，数据库管理系统软件有 Oracle、MySQL、SQL Server 等多种，另外还有嵌入式数据库 SQLite 和 Access 小型桌面数据库等。考虑到编程语言入门课程的要求，本章将只介绍 Access 小型桌面数据库和嵌入式数据库 SQLite。

13.3　Access 数据库操作

对数据库最简单的操作是对数据库系统中的数据表进行增加、修改、删除和查询四项，这便是通常所说的维护数据库的增、改、删、查四项任务，其中查询是一项经常性的重要工作。而数据库管理系统的基础工作是创建数据库，建立数据表。

下面将以在 Access 2016 中创建一个"通讯录"为例进行说明。

13.3.1 创建数据表

创建数据表的主要步骤如下。

1. 打开空白数据库

选择"开始"→"程序"→"Access 2016"选项，启动 Access 2016，屏幕上会出现如图 13-1 所示的"新建"对话框，单击"空白桌面数据库"项。

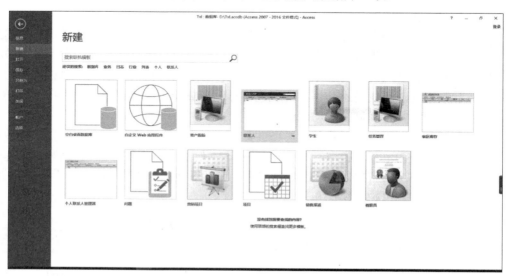

![图 13-1] "新建"对话框

在"空白桌面数据库"对话框中指定新数据库的保存位置、文件名，然后单击"创建"按钮。在此，将数据库存放在准备好的文件夹内，文件名为 Txl，文件类型为 Microsoft Access 数据库，如图 13-2 所示。

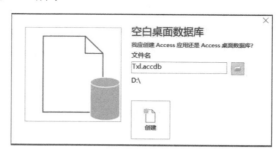

![图 13-2] 指定新数据库的文件名、保存位置

2. 定义表的字段名称和数据类型

单击"创建"按钮后弹出如图 13-3 所示的设计窗口。选择"视图"创建表，在弹出的对话框中填入数据表名称 txl，单击"确定"按钮。

图 13-3　新建数据表

在如图 13-4 所示的数据表 txl 中，填写字段名称，选择数据类型，并分别在"字段属性"中填写字段的标题：编号、姓名、性别、年龄、家庭地址、电话号码、QQ 号、电子邮箱，如图 13-5 所示。

字段名称	数据类型
bh	自动编号
name	短文本
sex	短文本
age	数字
address	短文本
tel	短文本
qq	短文本
email	短文本

图 13-4　数据表的字段设计

常规 查阅

字段大小	20
格式	
输入掩码	
标题	电子邮箱
默认值	
验证规则	
验证文本	
必需	否
允许空字符串	是
索引	无
Unicode 压缩	是
输入法模式	开启
输入法语句模式	无转化
文本对齐	常规

图 13-5　填写字段标题

单击"保存"按钮，在 Txl 数据库中就会出现一张 txl 表。

3. 在数据表中输入数据

在"所有 Access 对象"导航窗格中，在 txl 表上右击，在弹出的快捷菜单中选择"打开"命令，或者双击 txl 表将其打开。

如图 13-6 所示，在表中输入相关记录。输入完毕之后，单击"保存"按钮，Access 会保存数据。

编号	姓名	性别	年龄	家庭地址	电话号码	QQ号	电子邮箱
1	李斌	男	20	上海	13612345678	123456789	lb@126.com
2	周青	男	24	南京	13623456789	234567890	zq@126.com
3	宋玲	女	23	北京	13634567890	345678901	sl@126.com
4	钱新	男	21	天津	13645678901	456789012	qx@126.com
5	王英	女	22	武汉	13656789012	567890123	wy@126.com
6	黄海	男	27	重庆	13667890123	678901234	hh@126.com
7	李明	男	29	西安	13678901234	789012345	lm@126.com
8	孙梅	女	32	广州	13689012345	890123456	sm@126.com
9	谢璐	女	35	南昌	13690123456	901234567	xl@126.com
10	赵佳	女	30	北京	13601234567	012345678	zj@126.com

图 13-6 在数据表中输入相关记录

至此，数据库 Txl 的数据表 txl 创建完毕。

13.3.2 数据表的查询

Access 2016 中查询用于处理具有条件检索和计算功能的数据库对象。利用查询，可以在一个或多个表中根据用户所给出的条件筛选所需要的信息，用于查看、更改以及分析。查询结果可以作为数据库中其他对象的数据源，也可以在一次查询的结果上再进行一次查询。

在 Access 2016 数据库中，可以根据对数据源操作方式及操作结果的不同，将查询分为 4 种：选择查询、参数查询、交叉表查询和 SQL 特定查询。

在这里只介绍"选择查询"，它是最常用、最基本的查询方式。

创建一次查询过程时，需要弄清楚以下问题：

❑   数据源，即到哪里去查；

❑   查找的内容，即要从数据源查找什么信息；

❑   是否有查找条件。

创建查询的方法有两种：一种是使用查询向导，另一种是使用设计视图。

1. 使用查询向导

在 Access 2016 中打开 Txl 数据库，依次单击"创建"选项卡→"查询"选项组→"查询向导"按钮，随后弹出"新建查询"对话框，如图 13-7 所示。

图 13-7　"新建查询"对话框

选择"简单查询向导"选项，单击"确定"按钮，弹出"简单查询向导"对话框，如图 13-8 所示。

图 13-8　"简单查询向导"对话框

在"表 / 查询"下拉列表框中选择建立查询的数据源 txl 表，在"可用字段"列表框中显示了 txl 表中的所有字段。选择查询需要的字段，然后单击 > 按钮，将选中的字段添加到右侧的"选定字段"列表框中，如图 13-9 所示。

图 13-9　设置简单查询的条件

单击"下一步"按钮,弹出"请确定采用明细查询还是汇总查询"对话框,如图 13-10 所示。

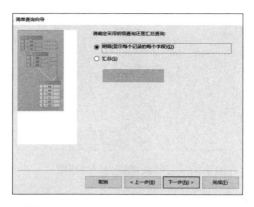

图 13-10 确定查询方式

选择默认的"明细(显示每个记录的每个字段)"单选按钮,然后单击"下一步"按钮,弹出为查询命名的对话框,如图 13-11 所示。这里要查询所有好友的全部基本情况,所以输入"txl 查询"。选中"打开查询查看信息"单选按钮,然后单击"完成"按钮,结束查询的创建。

图 13-11 为查询命名

创建查询后,可以看到前面选择的所有好友的编号、姓名、性别、年龄、家庭地址等基本情况,如图 13-12 所示。

编号	姓名	性别	年龄	家庭地址
1	李斌	男	20	上海
2	周青	男	24	南京
3	宋玲	女	23	北京
4	钱新	男	21	天津
5	王英	女	22	武汉
6	黄海	男	27	重庆
7	李明	男	29	西安
8	孙梅	女	32	广州
9	谢璐	女	35	南昌
10	赵佳	女	30	北京

图 13-12 查询信息结果

2. 使用设计视图

打开 Txl 数据库中的 txl 表，依次单击"创建"选项卡→"查询"选项组→"查询设计"按钮，弹出"显示表"对话框，如图 13-13 所示。

图 13-13　"显示表"对话框

这里只有一张表，所以直接单击"添加"按钮，再单击"关闭"按钮，关闭"显示表"对话框。

这里准备查询男性好友的基本情况。在紧接着出现的如图 13-14 所示的设计视图中，在"字段"行每格的右侧单击，在弹出的下拉菜单中选择表中需要显示的字段。因为只要显示基本情况，所以分别选择前面五项。并在 sex 栏下的"条件"格中填写查询条件'男'。

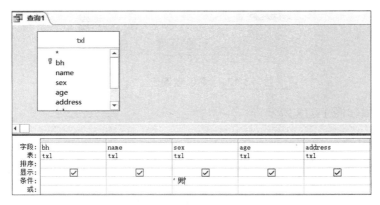

图 13-14　填写查询条件

单击"保存"按钮，在出现的"另存为"对话框中输入查询名称"男好友基本情况"，单击"确定"按钮，在右侧的导航窗格中会出现"男好友基本情况"查询结果，双击便可出现如图 13-15 所示的查询结果。

男好友基本情况				
编号	姓名	性别	年龄	家庭地址
1	李斌	男	20	上海
2	周青	男	24	南京
4	钱新	男	21	天津
6	黄海	男	27	重庆
7	李明	男	29	西安

图 13-15　按性别"男"的查询结果

通过类似的方法，查询所有女性好友的联系方式。操作过程如图 13-16 和图 13-17 所示。

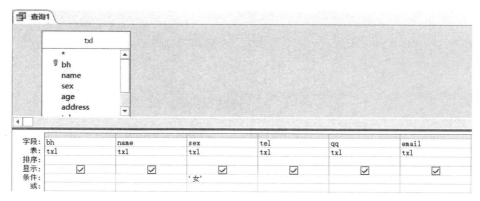

图 13-16　填写查询条件

图 13-17　命名查询表

查询结果如图 13-18 所示。

女好友联系方式					
编号	姓名	性别	电话号码	QQ号	电子邮箱
3	宋玲	女	13634567890	345678901	sl@126.com
5	王英	女	13656789012	567890123	wy@126.com
8	孙梅	女	13689012345	890123456	sm@126.com
9	谢璐	女	13690123456	901234567	xl@126.com
10	赵佳	女	13601234567	012345678	zj@126.com

图 13-18　按性别"女"的查询结果

最后查询一下 30 岁以上（含 30 岁）的女性好友的基本情况。操作过程如图 13-19 和图 13-20 所示。

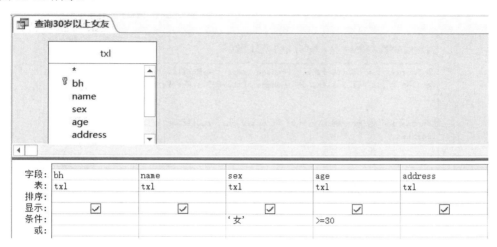

图 13-19　查询 30 岁以上（含 30 岁）的女性好友

编号 ▾	姓名 ▾	性别 ▾	年龄 ▾	家庭地址 ▾
8	孙梅	女	32	广州
9	谢璐	女	35	南昌
10	赵佳	女	30	北京

图 13-20　按 30 岁以上（含 30 岁）的女性好友的查询结果

13.4　SQLite 数据库简介

SQLite 是一个嵌入式数据库。SQLite 将整个数据库，包括定义、表、索引以及数据本身，作为一个单独的、可跨平台使用的文件存储在主机中。SQLite 本身虽然是用 C 语言编写的，但是体积很小，经常被集成到各种应用程序中。Python 就内置了 SQLite 3，所以，在 Python 中使用 SQLite，不需要安装任何驱动模块，可以直接使用。Access 数据库与 SQLite 不同，Access 数据库与 BASIC 结合得很好，但要在 Python 中使用，安装驱动模块是一件相当麻烦的事。所以，在 Python 中用编程进行数据库的查询工作，我们只选择 SQLite 数据库。

事物都是一分为二的，SQLite 数据库应用程序的设计很方便，但创建数据库要比 Access 麻烦一些，一般都要通过编写代码进行。好在可以下载安装 SQLite Browser 这款数据库浏览器软件，下载安装好之后，跟在 Access 中创建数据库一样简便。

SQLite Browser 安装过程如图 13-21~ 图 13-25 所示。

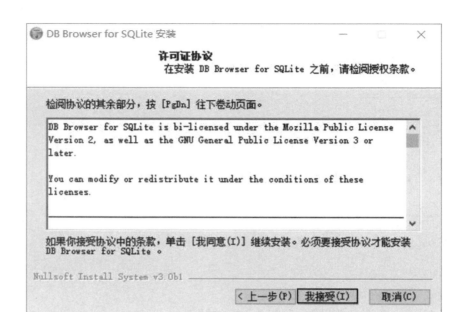

图 13-21 SQLite Browser 安装过程 1

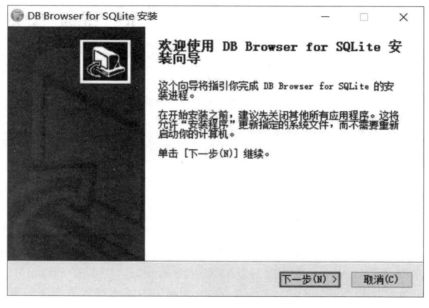

图 13-22 SQLite Browser 安装过程 2

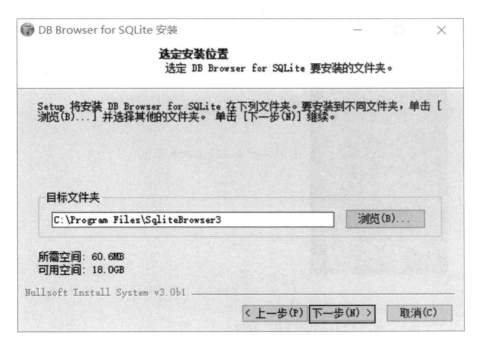

图 13-23　SQLite Browser 安装过程 3

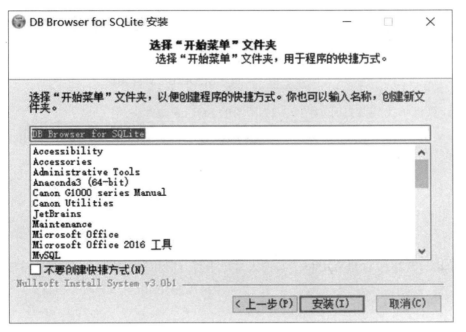

图 13-24　SQLite Browser 安装过程 4

图 13-25　SQLite Browser 安装结束

安装成功后，SQLite Browser 图标如图 13-26 所示。但是它不能单独使用，要把它复制到 SQLite 文件夹中与其他文件配合使用。

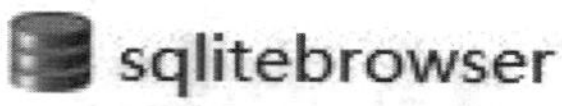

图 13-26　SQLite Browser 图标

在计算机中找到并打开如图 13-27 所示的 SQLite 文件夹。

图 13-27　SQLite 文件夹图标

在如图 13-28 所示的 SQLite 子文件夹目录中打开"bin"文件夹，目录如图 13-29 所示。

图 13-28　SQLite 子文件夹

名称 ^	修改日期	类型	大小
platforms	2020/11/27 14:22	文件夹	
icudt54.dll	2015/4/30 17:20	应用程序扩展	24,745 KB
icuin54.dll	2015/4/30 17:20	应用程序扩展	2,009 KB
icuuc54.dll	2015/4/30 17:20	应用程序扩展	1,392 KB
libeay32.dll	2015/4/13 1:53	应用程序扩展	1,328 KB
Qt5Core.dll	2015/12/7 17:01	应用程序扩展	4,513 KB
Qt5Gui.dll	2015/10/13 3:15	应用程序扩展	4,747 KB
Qt5Network.dll	2015/10/13 3:14	应用程序扩展	826 KB
Qt5PrintSupport.dll	2015/10/13 3:19	应用程序扩展	261 KB
Qt5Widgets.dll	2015/10/13 3:17	应用程序扩展	4,317 KB
sqlite3.dll	2015/12/24 2:55	应用程序扩展	718 KB
sqlitebrowser	2016/1/3 17:44	应用程序	3,135 KB
ssleay32.dll	2015/4/13 1:53	应用程序扩展	347 KB

图 13-29　bin 文件夹目录

　　将 SQLite Browser 文件复制到 bin 文件夹并双击打开，可以看到如图 13-30 所示的 DB Browser for SQLite 文件的首页，十分简洁、实用。单击"新建数据库"按钮，在弹出的"选择一个文件名保存"对话框中填写准备创建的数据库文件名 TXLCZ，如图 13-31 所示。

图 13-30　DB Browser for SQLite 文件的首页

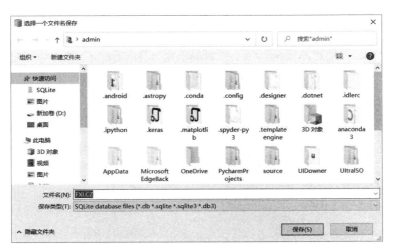

图 13-31　保存数据库文件

单击"保存"按钮，进入如图 13-32 所示的"新建数据库"的"编辑表定义"对话框。

图 13-32 "编辑表定义"对话框

单击"添加字段"按钮，在图 13-33 所示的对话框中，单击"名称"列下面的文本框，填写字段名：姓名，按 Tab 键，进入"类型"列，单击右侧的下拉箭头，选择 TEXT（即文本），勾选右侧的复选框，确定这个字段"非空"。按 Tab 键，进入下一行的"名称"列，填写字段名：性别，按 Tab 键，进入"类型"列，单击右侧的下拉箭头，选择 TEXT（即文本），同样设置这个字段"非空"。以此类推，分别添加年龄和家庭地址字段。在进行这些工作时，可以看到下面窗口中同步显示相应代码。

图 13-33 设置数据表结构

此时，OK 按钮是灰色的不可用。这是因为我们还没有命名该数据表，在上方"表"文本框中填写该表的名字：通讯录操作，此时 OK 按钮文字界面可用（见图 13-34），单击 OK 按钮表示数据库结构创建结束（见图 13-35），转到填写表的"记录"界面。

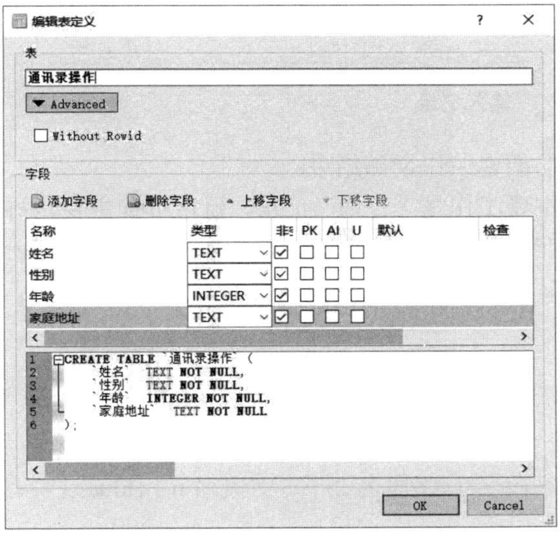

图 13-34　命名数据表

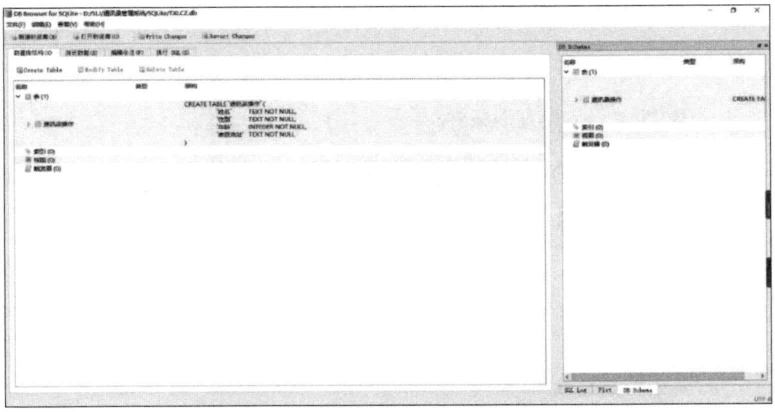

图 13-35　数据库结构创建完成

在图 13-36 中单击"浏览数据"标签，再单击"新建记录"按钮，分别在各字段下方按要求填写记录（见图 13-37）。填写完成后单击"保存"按钮，将其保存备用。

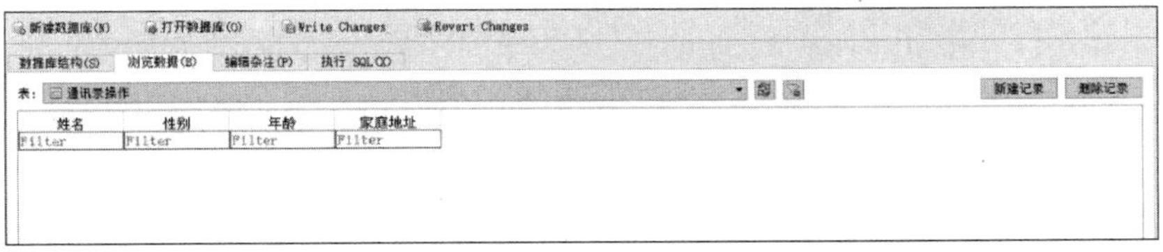

图 13-36　打开"浏览数据"页面

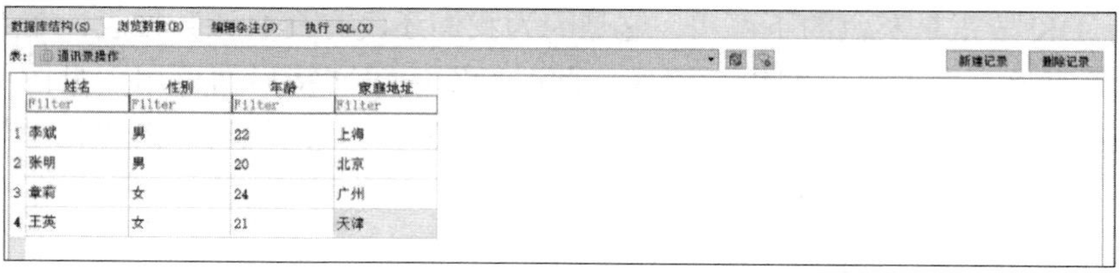

图 13-37 输入记录

至此，该数据库的创建工作全部结束。

对数据库的操作主要工作是"查询"记录，日常维护主要是添加、修改、删除记录。这些工作虽然都可以在所建的数据库中进行，但不如用应用程序来管理更方便、灵活。

任何数据库的查、添、改、删操作，都要用类似的 SQL 语句。

SQL 查询语句：

```
select 字段名 1, 字段名 2, 字段名 3, …from 表名 where 查询条件
```

SQL 添加语句：

insert into 表名 (字段名 1, 字段名 2, …, 字段名 n) values (字段值 1, 字段值 2, …, 字段值 n)

SQL 修改语句：

```
update 表名 set 字段名 = 字段值 where 查询条件
```

SQL 删除语句：

```
delete from 表名 where 查询条件
```

不同的是，编程语言与数据库的接口驱动形式各异，以 **SQLite** 数据库最为简单。下面以查询为例，编写一段查询通讯录的 Python 程序。

源程序如下：

```python
import sqlite3
print("-" * 6, "查询项目", "-" * 6)
print("    按姓名查询---- 1    ")
print("    按性别查询---- 2    ")
print("    按年龄查询---- 3    ")
print("    按地址查询---- 4    ")
print("    查询结束------ 0    ")

def xmcxinfo():
    istr = input("    请输入要查询的姓名：")
    conn = sqlite3.connect('TXL.db')
    cursor = conn.cursor()
    sql = 'select * from Txlb where name = ?'
    cursor.execute(sql, [istr])
    result1 = cursor.fetchall()
    for row in result1:
        print('姓名：{0} - 性别：{1} - 年龄：{2} - 家庭地址：{3} - 电话号码：{4} - QQ号：{5} - 电子邮箱：{6}'
            .format(row[0], row[1], row[2], row[3], row[4], row[5], row[6]))
    print()
    cursor.close()
    conn.close()
```

```
23    def xbcxinfo():
24        istr = input("  请输入要查询的性别: ")
25        conn = sqlite3.connect('TXL.db')
26        cursor = conn.cursor()
27        sql = 'select * from Txlb where sex = ?'
28        cursor.execute(sql, [istr])
29        result1 = cursor.fetchall()
30        for row in result1:
31            print('姓名: {0} - 性别: {1} - 年龄: {2} - 家庭地址: {3} - 电话号码: {4} - QQ号: {5} - 电子邮箱: {6}'
32                  .format(row[0], row[1], row[2], row[3], row[4], row[5], row[6]))
33        print()
34        cursor.close()
35        conn.close()
36
37    def nlcxinfo():
38        istr = input("  请输入要查询的年龄: ")
39        conn = sqlite3.connect('TXL.db')
40        cursor = conn.cursor()
41        sql = 'select * from Txlb where age >= ?'
42        cursor.execute(sql, [istr])
43        result1 = cursor.fetchall()
44        for row in result1:
45            print('姓名: {0} - 性别: {1} - 年龄: {2} - 家庭地址: {3} - 电话号码: {4} - QQ号: {5} - 电子邮箱: {6}'
46                  .format(row[0], row[1], row[2], row[3], row[4], row[5], row[6]))
47        print()
48        cursor.close()
49        conn.close()
```

```
50
51    def dzcxinfo():
52        istr = input("  请输入要查询的家庭地址: ")
53        conn = sqlite3.connect('TXL.db')
54        cursor = conn.cursor()
55        sql = 'select * from Txlb where addr = ?'
56        cursor.execute(sql, [istr])
57        result1 = cursor.fetchall()
58        for row in result1:
59            print('姓名: {0} - 性别: {1} - 年龄: {2} - 家庭地址: {3} - 电话号码: {4} - QQ号: {5} - 电子邮箱: {6}'
60                  .format(row[0], row[1], row[2], row[3], row[4], row[5], row[6]))
61        print()
62        cursor.close()
63        conn.close()
64
```

```
65    def main():
66        while True:
67            xm = input('请输入要查询的项目: ')
68            if xm == '1':
69                xmcxinfo()
70            if xm == '2':
71                xbcxinfo()
72            if xm == '3':
73                nlcxinfo()
74            if xm == '4':
75                dzcxinfo()
76            if xm == '0':
77                quit_con = input("确定退出吗? (y or Y):")
78                if quit_con == 'Y':
79                    break
80    main()
```

程序运行结果如下:

```
------ 查询项目 ------
    按姓名查询---- 1
    按性别查询---- 2
    按年龄查询---- 3
    按地址查询---- 4
    查询结束------ 0
请输入要查询的项目：2
    请输入要查询的性别：男
姓名：李斌 - 性别：男 - 年龄：20 - 家庭地址：上海 - 电话号码：13612345678 - QQ号：123456789 - 电子邮箱：lb@126.com
姓名：周青 - 性别：男 - 年龄：24 - 家庭地址：南京 - 电话号码：13623456789 - QQ号：234567890 - 电子邮箱：zq@126.com
姓名：钱新 - 性别：男 - 年龄：21 - 家庭地址：天津 - 电话号码：13645678901 - QQ号：456789012 - 电子邮箱：qx@126.com
姓名：黄海 - 性别：男 - 年龄：27 - 家庭地址：重庆 - 电话号码：13667890123 - QQ号：678901234 - 电子邮箱：hh@126.com
姓名：李明 - 性别：男 - 年龄：29 - 家庭地址：西安 - 电话号码：13678901234 - QQ号：789012345 - 电子邮箱：lm@126.com


请输入要查询的项目：3
    请输入要查询的年龄：30
姓名：孙梅 - 性别：女 - 年龄：32 - 家庭地址：广州 - 电话号码：13689012345 - QQ号：890123456 - 电子邮箱：sm@126.com
姓名：谢璐 - 性别：女 - 年龄：35 - 家庭地址：南昌 - 电话号码：13690123456 - QQ号：901234567 - 电子邮箱：xl@126.com
姓名：赵佳 - 性别：女 - 年龄：30 - 家庭地址：北京 - 电话号码：13601234567 - QQ号：012345678 - 电子邮箱：zj@126.com


请输入要查询的项目：4
    请输入要查询的家庭地址：北京
姓名：宋玲 - 性别：女 - 年龄：23 - 家庭地址：北京 - 电话号码：13634567890 - QQ号：345678901 - 电子邮箱：sl@126.com
姓名：赵佳 - 性别：女 - 年龄：30 - 家庭地址：北京 - 电话号码：13601234567 - QQ号：012345678 - 电子邮箱：zj@126.com


请输入要查询的项目：1
    请输入要查询的姓名：王英
姓名：王英 - 性别：女 - 年龄：22 - 家庭地址：武汉 - 电话号码：13656789012 - QQ号：567890123 - 电子邮箱：wy@126.com


请输入要查询的项目：0
确定退出吗？（y or Y）：Y
```

代码分析：

本程序由 5 个程序构成，一个主程序和 4 个分项查询程序。

程序从第 80 行代码开始运行。

先调用第 65 行的主程序，主程序被调用后，进入一个循环。该 while 循环是由 True 控制的，所以是一个无限循环。

进入循环体，执行输入项目的选择菜单。由输入得到要查询的项目，赋值给变量 xm（项目的汉语拼音缩写），然后根据所选项目，分别调用相应项目的查询函数，输出相应的查询结果。

选择"2"，调用 xbcxinfo() 函数，输入"男"后，查询到 5 名"男"好友的基本情况。

选择"3"，调用 nlcxinfo() 函数，输入"30"后，查询到 3 名年龄在 30 岁及 30 岁以上的"女"好友的基本情况。

选择"4"，调用 dzcxinfo() 函数，输入"北京"后，查询到两名家庭地址是"北京"的"女"好友的基本情况。

选择"1"，调用 xmcxinfo() 函数，输入"王英"后，查询到姓名为"王英"的"女"好友的基本情况。

选择"0"，退出查询。

通过编程语言操作数据库，首先应妥善解决两个问题：一个是创建模块对象，实现与数据库的连接；另一个是创建游标对象，管理数据库。

下面以按"姓名查询"为例，解释按姓名查询函数的运行原理。

第 10 行：将用户输入的要查询的姓名"王英"赋值给变量 istr。

第 11 行：通过模块连接数据库。由于 sqlite3 是 SQLite 数据库内嵌的模块，连接非常顺利。连接后，创建模块对象 conn。

第 12 行：用模块对象 conn 创建游标对象 cursor。

第 13 行：用查询的 SQL 语句"select 字段名 1，字段名 2，字段名 3，…from 表名 where 查询条件"赋值给变量 sql。由于字段名太多，在这里用了通配符 (*) 替代所有字段名。表名为 Txlb，查询条件为"name = ?"，由于"姓名"是等待输入的，事先无法确定，所以这里使用了占位符 (？) 来替代。

第 14 行：使用游标对象来操作数据库。前面通过输入"王英"赋予变量 istr，使得查询的 SQL 语句转化为"select * from Txlb where name = " 王英 ""，根据已经完善的 SQL 查询语句，通过游标对象执行。

第 15 行：通过游标对象来获取全部信息并赋予变量 result1。

第 16~18 行：通过 for 循环，将在 result1 中获得的信息通过行变量 row 分行输出按姓名查询的结果到屏幕上。

第 19 行：输出一个空行，如果输出多个记录，每个记录之间空一行。

第 20 行：关闭模块对象 cursor。

第 21 行：关闭数据库。

其他三个查询函数跟按姓名查询函数大同小异，这里不再重复。

当输入要查询的项目为 0 时，如果变量获得的输入是"y"，借助 if 语句，用 break 跳出无限循环，结束整个程序。

第 14 章
学生成绩管理系统的设计

掌握理论的目的是应用，如果仅仅只是学习理论，而不能联系实际动手编写实用程序，学习的效果是很不理想的。前面各章中列举了很多实例，其中大多数用于辅助教学提高教学效果，所涉及的知识点和程序的结构都比较简单。在学习所有的基本概念之后，完全有必要也有可能编写一些知识覆盖面更广且程序结构比较复杂的实例，作为学习理论之后的实践活动，用于检验对相关理论的理解程度。

接下来将按从简到繁的原则，分别介绍两个学生成绩管理系统设计的范例。

14.1　单表学生成绩管理系统的设计

在学校的日常工作中，对学生成绩的考核是教学管理的一项重要工作。本节设计一个只有一张数据表的单表学生成绩管理系统，完成查询、添加、修改和删除等四项对学生成绩进行日常管理的基础工作。

首先用 SQLite 设计一个 xscjglxt.db 数据库，该数据库中只有一张记录学生成绩的数据表 student。

xscjglxt.db 数据库中共有 8 个字段，如表 14-1 所示。

表 14-1　xscjglxt.db 数据库中的字段

字段名	字段类型	是否主键	字段名称
Sno	字符型	Y	学号
Sname	字符型	N	姓名
Sex	字符型	N	性别
Sclass	字符型	N	班级
Jsjdl	整型	N	计算机导论
Gdsx	整型	N	高等数学
Dxyy	整型	N	大学英语
Zx	整型	N	哲学

注：这里所选择的课程是多数高校一年级开设的基础课程。

源程序如下：

```python
1   import sqlite3
2
3   print("  欢迎进入学生成绩管理系统！")
4   print("\t 1:显示学生信息")
5   print("\t 2:查询学生信息")
6   print("\t 3:添加学生信息")
7   print("\t 4:修改学生信息")
8   print("\t 5:删除学生信息")
9   print("\t 0:退出系统")
10  print("***************************")
11
12  while 1:
13
14      try:
15          m = int(input("请输入管理选项: "))
16      except ValueError:
17          print("请重新输入正确的数字选项")
18          continue
19
20      if m == 1:     # 显示学生信息
21          conn = sqlite3.connect('xscjglxt.db')
22          cursor = conn.cursor()
23          cursor.execute('select * from student')
24          result = cursor.fetchall()
25          for row in result:
26              print("学号: {0} - 姓名: {1} - 性别: {2} - 班级: {3} - 计算机导论: {4} - 高等数学: {5} - 大学英语: {6} - 哲学: {7}"
27                    .format(row[0], row[1], row[2], row[3], row[4], row[5], row[6], row[7]))
28          cursor.close()
```

```python
29          conn.close()
30      elif m == 2:   # 查询学生信息
31          print("\t 1:按学号")
32          print("\t 2:按姓名")
33          print("\t 3:按性别")
34          print("\t 4:按班级")
35          try:
36              m11 = int(input("        请输入查询选项: "))
37          except ValueError:
38              print("请重新输入正确的数字选项")
39              continue
40          conn = sqlite3.connect('xscjglxt.db')
41          cursor = conn.cursor()
42
43          if m11 == 1:  #按学号
44              cx = input("请输入需要查找的学生的学号: ")
45              cursor.execute('select * from student where Sno=?',[cx])
46          elif m11 == 2: # 按姓名
47              cx = input("请输入需要查找的学生的姓名: ")
48              cursor.execute('select * from student where Sname=?',[cx])
49          elif m11 == 3: # 按性别
50              cx = input("请输入需要查找的学生的性别: ")
51              cursor.execute('select * from student where Sex=?',[cx])
52          elif m11 == 4: # 按班级
53              cx = input("请输入需要查找的学生的班级: ")
54              cursor.execute('select * from student where Sclass=?', [cx])
```

```
55          elif m11 == 0:
56              break
57          else:
58              print("无效的命令，请重新输入")
59      result = cursor.fetchall()
60      for row in result:
61          print("学号：{0} - 姓名：{1} - 性别：{2} - 班级：{3} - 计算机导论：{4} - 高等数学：{5} - 大学英语：{6} - 哲学：{7}"
62              .format (row[0], row[1], row[2], row[3], row[4], row[5],row[6], row[7]))
63      cursor.close()
64      conn.close()
65
66  elif m == 3:   # 添加学生信息
67      tj1 = input("请输入需要新增的学生的学号：")
68      tj2 = input("请输入需要新增的学生的姓名：")
69      tj3 = input("请输入需要新增的学生的性别：")
70      tj4 = input("请输入需要新增的学生的班级：")
71      tj5 = input("请输入需要新增的学生的计算机导论成绩：")
72      tj6 = input("请输入需要新增的学生的高等数学成绩：")
73      tj7 = input("请输入需要新增的学生的大学英语成绩：")
74      tj8 = input("请输入需要新增的学生的哲学成绩：")
75      conn = sqlite3.connect('xscjglxt.db')
76      cursor = conn.cursor()
77      cursor.execute('insert into student (Sno, Sname, Sex, Sclass, Jsjdl, Gdsx, Dxyy, Zx)\
78                      values (?, ?, ?, ?, ?, ?, ?, ? )', [tj1, tj2, tj3, tj4, tj5, tj6, tj7, tj8])
79      cursor.close()
80      conn.commit()
81      conn.close()
```

```
82  elif m == 4:   # 修改学生信息
83      xg = input("请输入需要修改的学生的学号：")
84      conn = sqlite3.connect('xscjglxt.db')
85      cursor = conn.cursor()
86      cursor.execute('select * from student where Sno=?',[xg])
87      print("该学生修改前的信息为：")
88      result = cursor.fetchall()
89      for row in result:
90          print("学号：{0} - 姓名：{1} - 性别：{2} -  班级：{3} - 计算机导论：{4} - 高等数学：{5} - 大学英语：{6} - 哲学：{7}"
91              .format(row[0], row[1], row[2], row[3], row[4], row[5], row[6], row[7]))
92      print("请选择要修改的项目：")
93      print("\t 1:修改学号")
94      print("\t 2:修改姓名")
95      print("\t 3:修改性别")
96      print("\t 4:修改班级")
97      print("\t 5:修改计算机导论成绩")
98      print("\t 6:修改高等数学成绩")
99      print("\t 7:修改大学英语成绩")
100     print("\t 8:修改哲学成绩")
101     try:
102         m = int(input("请输入修改选项："))
103     except ValueError:
104         print("请重新输入正确的数字选项")
105         continue
```

```
186          if m == 1:
187              xg1 = input("请输入修改后的学生的学号：")
188              cursor.execute('update student set Sid=? where Sno=?', [xg1, xg])
189          elif m == 2:
110              xg2 = input("请输入修改后的学生的姓名：")
111              cursor.execute('update student set Sname=? where Sno=?', [xg2, xg])
112          elif m == 3:
113              xg3 = input("请输入修改后的学生的性别：")
114              cursor.execute('update student set Sex=? where Sno=?', [xg3, xg])
115          elif m == 4:
116              xg4 = input("请输入修改后的学生的班级：")
117              cursor.execute('update student set Sclass=? where Sno=?', [xg4, xg])
118          elif m == 5:
119              xg5 = input("请输入修改后的学生的计算机导论成绩：")
120              cursor.execute('update student set Jsjdl=? where Sno=?', [xg5, xg])
121          elif m == 6:
122              xg6 = input("请输入修改后的学生的高等数学成绩：")
123              cursor.execute('update student set Gdsx=? where Sno=?', [xg6, xg])
124          elif m == 7:
125              xg7 = input("请输入修改后的学生的大学英语成绩：")
126              cursor.execute('update student set Dxyy=? where Sno=?', [xg7, xg])
127          elif m == 8:
128              xg8 = input("请输入修改后的学生的哲学成绩：")
129              cursor.execute('update student set Zx=? where Sno=?', [xg8, xg])
130              print("查看学生修改后的信息为：")
131          cursor.close()
132          conn.commit()
133          conn.close()
```

```
134      elif m == 5:  # 删除学生信息
135          sc = input("请输入需要删除的学生的学号：")
136          conn = sqlite3.connect('xscjglxt.db')
137          cursor = conn.cursor()
138          cursor.execute('delete from student where Sno=?', [sc])
139          cursor.close()
140          conn.commit()
141          conn.close()
142      elif m == 0:
143          q = input("\n是否确认退出（Y/N）")
144          if q == "y" or q == "Y":
145              print("\n*********************\n"
146                    "     感谢您的使用！\n"
147                    "*********************\n")
148          break
```

程序运行结果如下：

```
欢迎进入学生成绩管理系统！
    1：显示学生信息
    2：查询学生信息
    3：添加学生信息
    4：修改学生信息
    5：删除学生信息
    0：退出系统
***************************
请输入管理选项：1
学号：2020010101 - 姓名：李斌 - 性别：男 - 班级：软件工程1班 - 计算机导论：86 - 高等数学：92 - 大学英语：78 - 哲学：80
学号：2020010102 - 姓名：周青 - 性别：男 - 班级：软件工程1班 - 计算机导论：85 - 高等数学：90 - 大学英语：88 - 哲学：82
学号：2020010103 - 姓名：宋玲 - 性别：女 - 班级：软件工程1班 - 计算机导论：92 - 高等数学：95 - 大学英语：91 - 哲学：89
学号：2020010104 - 姓名：钱新 - 性别：男 - 班级：软件工程1班 - 计算机导论：95 - 高等数学：86 - 大学英语：93 - 哲学：89
学号：2020010105 - 姓名：王英 - 性别：女 - 班级：软件工程1班 - 计算机导论：78 - 高等数学：75 - 大学英语：72 - 哲学：92
学号：2020010201 - 姓名：黄海 - 性别：男 - 班级：软件工程2班 - 计算机导论：88 - 高等数学：98 - 大学英语：95 - 哲学：85
学号：2020010202 - 姓名：李明 - 性别：男 - 班级：软件工程2班 - 计算机导论：89 - 高等数学：84 - 大学英语：92 - 哲学：81
学号：2020010203 - 姓名：孙梅 - 性别：女 - 班级：软件工程2班 - 计算机导论：78 - 高等数学：83 - 大学英语：89 - 哲学：90
学号：2020010204 - 姓名：谢璐 - 性别：女 - 班级：软件工程2班 - 计算机导论：92 - 高等数学：96 - 大学英语：91 - 哲学：86
学号：2020010205 - 姓名：赵佳 - 性别：女 - 班级：软件工程2班 - 计算机导论：77 - 高等数学：79 - 大学英语：68 - 哲学：85
```

请输入管理选项：*2*
    1：按学号
    2：按姓名
    3：按性别
    4：按班级
    请输入查询选项：*1*
请输入需要查找的学生的学号：*2020010101*
学号：2020010101 - 姓名：李斌 - 性别：男 - 班级：软件工程1班 - 计算机导论：86 - 高等数学：92 - 大学英语：78 - 哲学：80
请输入管理选项：*2*
    1：按学号
    2：按姓名
    3：按性别
    4：按班级
    请输入查询选项：*2*
请输入需要查找的学生的姓名：*谢璐*
学号：2020010204 - 姓名：谢璐 - 性别：女 - 班级：软件工程2班 - 计算机导论：92 - 高等数学：96 - 大学英语：91 - 哲学：86

请输入管理选项：*2*
    1：按学号
    2：按姓名
    3：按性别
    4：按班级
    请输入查询选项：*3*
请输入需要查找的学生的性别：*男*
学号：2020010101 - 姓名：李斌 - 性别：男 - 班级：软件工程1班 - 计算机导论：86 - 高等数学：92 - 大学英语：78 - 哲学：80
学号：2020010102 - 姓名：周青 - 性别：男 - 班级：软件工程1班 - 计算机导论：85 - 高等数学：90 - 大学英语：88 - 哲学：82
学号：2020010104 - 姓名：钱新 - 性别：男 - 班级：软件工程1班 - 计算机导论：95 - 高等数学：86 - 大学英语：93 - 哲学：89
学号：2020010201 - 姓名：黄海 - 性别：男 - 班级：软件工程2班 - 计算机导论：88 - 高等数学：98 - 大学英语：95 - 哲学：85
学号：2020010202 - 姓名：李明 - 性别：男 - 班级：软件工程2班 - 计算机导论：89 - 高等数学：84 - 大学英语：92 - 哲学：81

请输入管理选项：*2*
    1：按学号
    2：按姓名
    3：按性别
    4：按班级
    请输入查询选项：*4*
请输入需要查找的学生的班级：*软件工程2班*
学号：2020010201 - 姓名：黄海 - 性别：男 - 班级：软件工程2班 - 计算机导论：88 - 高等数学：98 - 大学英语：95 - 哲学：85
学号：2020010202 - 姓名：李明 - 性别：男 - 班级：软件工程2班 - 计算机导论：89 - 高等数学：84 - 大学英语：92 - 哲学：81
学号：2020010203 - 姓名：孙梅 - 性别：女 - 班级：软件工程2班 - 计算机导论：78 - 高等数学：83 - 大学英语：89 - 哲学：90
学号：2020010204 - 姓名：谢璐 - 性别：女 - 班级：软件工程2班 - 计算机导论：92 - 高等数学：96 - 大学英语：91 - 哲学：86
学号：2020010205 - 姓名：赵佳 - 性别：女 - 班级：软件工程2班 - 计算机导论：77 - 高等数学：79 - 大学英语：68 - 哲学：85

请输入管理选项：*3*
请输入需要新增的学生的学号：*2020010206*
请输入需要新增的学生的姓名：*张三*
请输入需要新增的学生的性别：*男*
请输入需要新增的学生的班级：*软件工程2班*
请输入需要新增的学生的计算机导论成绩：*80*
请输入需要新增的学生的高等数学成绩：*85*
请输入需要新增的学生的大学英语成绩：*90*
请输入需要新增的学生的哲学成绩：*88*
请输入管理选项：*1*
学号：2020010101 - 姓名：李斌 - 性别：男 - 班级：软件工程1班 - 计算机导论：86 - 高等数学：92 - 大学英语：78 - 哲学：80
学号：2020010102 - 姓名：周青 - 性别：男 - 班级：软件工程1班 - 计算机导论：85 - 高等数学：90 - 大学英语：88 - 哲学：82
学号：2020010103 - 姓名：宋玲 - 性别：女 - 班级：软件工程1班 - 计算机导论：92 - 高等数学：95 - 大学英语：91 - 哲学：89
学号：2020010104 - 姓名：钱新 - 性别：男 - 班级：软件工程1班 - 计算机导论：95 - 高等数学：86 - 大学英语：93 - 哲学：89
学号：2020010105 - 姓名：王英 - 性别：女 - 班级：软件工程1班 - 计算机导论：78 - 高等数学：75 - 大学英语：72 - 哲学：92
学号：2020010201 - 姓名：黄海 - 性别：男 - 班级：软件工程2班 - 计算机导论：88 - 高等数学：98 - 大学英语：95 - 哲学：85
学号：2020010202 - 姓名：李明 - 性别：男 - 班级：软件工程2班 - 计算机导论：89 - 高等数学：84 - 大学英语：92 - 哲学：81
学号：2020010203 - 姓名：孙梅 - 性别：女 - 班级：软件工程2班 - 计算机导论：78 - 高等数学：83 - 大学英语：89 - 哲学：90
学号：2020010204 - 姓名：谢璐 - 性别：女 - 班级：软件工程2班 - 计算机导论：92 - 高等数学：96 - 大学英语：91 - 哲学：86
学号：2020010205 - 姓名：赵佳 - 性别：女 - 班级：软件工程2班 - 计算机导论：77 - 高等数学：79 - 大学英语：68 - 哲学：85
学号：2020010206 - 姓名：张三 - 性别：男 - 班级：软件工程2班 - 计算机导论：80 - 高等数学：85 - 大学英语：90 - 哲学：88

请输入管理选项：*4*
请输入需要修改的学生的学号：*2020010206*
该学生修改前的信息为：
学号：**2020010206** － 姓名：张三 － 性别：男 － 班级：软件工程2班 － 计算机导论：80 － 高等数学：85 － 大学英语：90 － 哲学：88
请选择要修改的项目：
  1:修改学号
  2:修改姓名
  3:修改性别
  4:修改班级
  5:修改计算机导论成绩
  6:修改高等数学成绩
  7:修改大学英语成绩
  8:修改哲学成绩

请输入修改选项：*6*
请输入修改后的学生的高等数学成绩：*92*
请输入管理选项：*1*
学号：**2020010101** － 姓名：李斌 － 性别：男 － 班级：软件工程1班 － 计算机导论：86 － 高等数学：92 － 大学英语：78 － 哲学：80
学号：**2020010102** － 姓名：周青 － 性别：男 － 班级：软件工程1班 － 计算机导论：85 － 高等数学：90 － 大学英语：88 － 哲学：82
学号：**2020010103** － 姓名：宋玲 － 性别：女 － 班级：软件工程1班 － 计算机导论：92 － 高等数学：95 － 大学英语：91 － 哲学：89
学号：**2020010104** － 姓名：钱新 － 性别：男 － 班级：软件工程1班 － 计算机导论：95 － 高等数学：86 － 大学英语：93 － 哲学：89
学号：**2020010105** － 姓名：王英 － 性别：女 － 班级：软件工程1班 － 计算机导论：78 － 高等数学：75 － 大学英语：72 － 哲学：92
学号：**2020010201** － 姓名：黄海 － 性别：男 － 班级：软件工程2班 － 计算机导论：88 － 高等数学：98 － 大学英语：95 － 哲学：85
学号：**2020010202** － 姓名：李明 － 性别：男 － 班级：软件工程2班 － 计算机导论：89 － 高等数学：84 － 大学英语：92 － 哲学：81
学号：**2020010203** － 姓名：孙梅 － 性别：女 － 班级：软件工程2班 － 计算机导论：78 － 高等数学：83 － 大学英语：89 － 哲学：90
学号：**2020010204** － 姓名：谢璐 － 性别：女 － 班级：软件工程2班 － 计算机导论：92 － 高等数学：96 － 大学英语：91 － 哲学：86
学号：**2020010205** － 姓名：赵佳 － 性别：女 － 班级：软件工程2班 － 计算机导论：77 － 高等数学：79 － 大学英语：68 － 哲学：85
学号：**2020010206** － 姓名：张三 － 性别：男 － 班级：软件工程2班 － 计算机导论：80 － 高等数学：92 － 大学英语：90 － 哲学：88

请输入管理选项：*5*
请输入需要删除的学生的学号：*2020010206*
请输入管理选项：*1*
学号：**2020010101** － 姓名：李斌 － 性别：男 － 班级：软件工程1班 － 计算机导论：86 － 高等数学：92 － 大学英语：78 － 哲学：80
学号：**2020010102** － 姓名：周青 － 性别：男 － 班级：软件工程1班 － 计算机导论：85 － 高等数学：90 － 大学英语：88 － 哲学：82
学号：**2020010103** － 姓名：宋玲 － 性别：女 － 班级：软件工程1班 － 计算机导论：92 － 高等数学：95 － 大学英语：91 － 哲学：89
学号：**2020010104** － 姓名：钱新 － 性别：男 － 班级：软件工程1班 － 计算机导论：95 － 高等数学：86 － 大学英语：93 － 哲学：89
学号：**2020010105** － 姓名：王英 － 性别：女 － 班级：软件工程1班 － 计算机导论：78 － 高等数学：75 － 大学英语：72 － 哲学：92
学号：**2020010201** － 姓名：黄海 － 性别：男 － 班级：软件工程2班 － 计算机导论：88 － 高等数学：98 － 大学英语：95 － 哲学：85
学号：**2020010202** － 姓名：李明 － 性别：男 － 班级：软件工程2班 － 计算机导论：89 － 高等数学：84 － 大学英语：92 － 哲学：81
学号：**2020010203** － 姓名：孙梅 － 性别：女 － 班级：软件工程2班 － 计算机导论：78 － 高等数学：83 － 大学英语：89 － 哲学：90
学号：**2020010204** － 姓名：谢璐 － 性别：女 － 班级：软件工程2班 － 计算机导论：92 － 高等数学：96 － 大学英语：91 － 哲学：86
学号：**2020010205** － 姓名：赵佳 － 性别：女 － 班级：软件工程2班 － 计算机导论：77 － 高等数学：79 － 大学英语：68 － 哲学：85

请输入管理选项：*0*

是否确认退出（Y/N）*Y*

****
  感谢您的使用！
****

代码分析：

为了便于理解，本范例中没有采用过多的编程技巧，可以按代码的顺序进行解释。

第 1 行：导入 sqlite3 模块。

第 3~10 行：显示主菜单。

第 12 行：进入以 1 为控制条件的 while 无限循环，为主菜单提供选项。

第 14~18 行：异常处理用以提高程序代码的健壮性。当用户输入主菜单项目序号以外的数字，程序运行出现异常并要求用户重新输入主菜单项目序号。正确输入后，程序继续运行。

第 20~29 行：如果选择"1"赋予变量 m，显示学生信息。

第 21 行：用 sqlite3 连接 xscjglxt.db 数据库，并设置变量对象 conn 表示连接。

第 22~24 行：设置游标对象。用游标对象控制查询的 SQL 语句，并将查询结果以列表的显示格式赋值给变量 result。

第 25~27 行：进入 for 循环，定义循环变量 row，将 result 中所包含的列表元素赋值给 row，然后按列表元素的索引输出全部学生信息。这种查询由于没有 where 部分，属于无条件查询。

第 28 行：显示学生信息结束，关闭游标对象。

第 29 行：关闭数据库。

第 30 行：如果选择"2"赋予变量 m，查询学生信息，进入查询子菜单。

第 31~39 行：显示查询子菜单，进入子菜单选项。进行异常处理，当用户输入子菜单项目序号以外的数字，程序运行出现异常并要求用户重新输入子菜单项目序号。正确输入后，程序继续运行。

第 40 行：重新连接数据库。

第 41 行：设置游标对象。

第 43 行：如果在查询子菜单中选择"1"赋予变量 m11，进行按学号查询学生信息。

第 44 行：将输入的需要查询的学生的学号 2020010101 赋予变量 cx。

第 45 行：用游标对象控制查询的 SQL 语句，并将按学号查询结果以列表的显示格式赋值给变量 result（第 59 行）。这里进行的是有条件查询，由于后面查询项目较多，在 where 后面写了"Sno=?"，即使用查询条件中的占位符。在执行时，将以 Sno 作为占位符传递的实际参数传递给形式参数 [cx]，并放置到一个列表中。

第 60~62 行：进入 for 循环，定义循环变量 row，将 result 中所包含的列表元素赋值给 row，然后按列表元素的索引输出学号为 2020010101 的学生信息。

第 46 行：如果在查询子菜单中选择"2"赋予变量 m11，进行按姓名查询学生信息。

第 47 行：将输入的需要查询的学生的姓名"谢璐"赋予变量 cx。

第 48 行：用游标对象控制查询的 SQL 语句，在 where 后面写了"Sname=?"，即使用查询条件中的占位符。在执行时，将以 Sname 作为占位符传递的实际参数传递给形式参数 [cx]，并放置到一个列表中。

第 60~62 行：进入 for 循环，定义循环变量 row，将 result 中所包含的列表元素赋值给 row，然后按列表元素的索引输出姓名为"谢璐"的学生信息。

第 49 行：如果在查询子菜单中选择"3"赋予变量 m11，进行按性别查询学生信息。

第 50 行：将输入的需要查询的学生的性别"男"赋予变量 cx。

第 51 行：用游标对象控制查询的 SQL 语句，在 where 后面写了"Sex=?"，即使用查询条件中的占位符。在执行时，将以 Sex 作为占位符传递的实际参数传递给形式参数 [cx]，并放置到一个列表中。

第 60~62 行：进入 for 循环，定义循环变量 row，将 result 中所包含的列表元素赋值给 row，然后按列表元素的索引输出性别为"男"的学生信息。

第 52 行：如果在查询子菜单中选择"4"赋予变量 m11，进行按班级查询学生信息。

第 53 行：将输入的需要查询的学生的班级"软件工程 2 班"赋予变量 cx。

第 54 行：用游标对象控制查询的 SQL 语句，在 where 后面写了"Sclass=?"，即使用查询条件中的占位符。在执行时，将以 Sclass 作为占位符传递的实际参数传递给形式参数 [cx]，并放置到一个列表中。

第 60~62 行：进入 for 循环，定义循环变量 row，将 result 中所包含的列表元素赋值给 row，然后按列表元素的索引输出学生的班级为"软件工程 2 班"的学生信息。

第 55 行和第 56 行：如果在查询子菜单中选择"0"赋予变量 m11，跳出查询学生信息并返回主菜单。

第 57 行和第 58 行：当用户输入子菜单项目序号以外的数字后，系统要求用户重新输入正确的子菜单项目序号。

第 66 行：如果在主菜单中选择"3"赋予变量 m，表示需要添加学生信息，进入添加学生信息项目。

第 67~74 行：分别输入添加学生的学号、姓名、性别、班级和四科成绩，并分别赋予变量 tj1~tj8。

第 75 行：输入添加学生的信息之后重新连接数据库。

第 76 行：设置游标对象。

第 77 行和第 78 行：用游标对象控制添加的 SQL 语句。这里使用了 8 个添加条件中的占位符。在执行时，将以 Sno、Sname、Sex、Sclass、Jsjdl、Gdsx、Dxyy、Zx 作为占位符传递的实际参数分别传递给形式参数 [tj1, tj2, tj3, tj4, tj5, tj6, tj7, tj8]，并放置到一个列表中。

第 79 行：关闭游标对象。

第 80 行：提交事务。

第 81 行：关闭数据库。

当输入添加学生"张三"的有关信息之后，如何判断是否添加成功？在主菜单中输入"1"后，在运行结果中看到 2020010206 号张三的信息，表明添加操作成功。

第 82 行：如果在主菜单中选择"4"赋予变量 m，表示需要修改学生信息，进入修改学生信息项目。

第 83 行：输入需要修改学生的学号，并赋予变量 xg。

第 84 行：重新连接数据库。

第 85 行：设置游标对象。

第 86 行和第 87 行：用游标对象控制查询的 SQL 语句，先显示此学生修改前的信息。

第 88 行：将此学生修改前的信息以列表的显示格式赋值给变量 result。

第 89~91 行：进入 for 循环，定义循环变量 row，将 result 中所包含的列表元素赋值给 row，然后按列表元素的索引输出该学生修改前的信息。

第 92 行：进入修改子菜单，选择修改项目。

第 93~100 行：分别显示 8 个修改项目。

第 101~105 行：进行异常处理，当用户输入子菜单项目序号以外的数字，程序运行出现异常并要求用户重新输入子菜单项目序号。正确输入后，程序继续运行。

第 106~129 行：输入需要修改子菜单中的项目，并分别赋予变量：xg1~xg8，用游标控制修改的 SQL 语句（这里以修改张三的计算机导论成绩为例）：'update student set Jsjdl=? Where Sno=?'，[xg5, xg]。这里使用了两个占位符：第一个是需要修改的项目，第二个是修改的条件是按学号，所以需要提供两个实际参数：课程名（Jsjdl）和学号（2020010206），分别按照列表格式传递给两个形式参数：xg5 和 xg。

第 130 行：显示修改后的信息。

第 131 行：关闭游标对象。

第 132 行：提交事务。

第 133 行：关闭数据库。

当输入需要修改的学生学号和修改项目之后，如何判断是否修改成功？在主菜单中输入"1"后，在运行结果中看到学生张三的计算机导论课程已修改好的信息，表明修改操作成功。

第 134 行：如果在主菜单中选择"5"赋予变量 m，表示需要删除学生信息（以删除张三的信息为例），进入删除学生信息项目。

第 135 行：输入需要删除学生的学号（例如 2020010206），并赋予变量 sc。

第 136 行：重新连接数据库。

第 137 行：设置游标对象。

第 138 行：用游标对象控制删除的 SQL 语句。在执行时，将以 Sno 作为占位符传递的实际参数传递给形式参数 [sc]。

第 139 行：关闭游标对象。

第 140 行：提交事务。

第 141 行：关闭数据库。

如何判断是否删除成功？在主菜单中输入"1"后，在运行结果中果然没有看到学生张三的信息，表明删除操作成功。

最后在主菜单中输入"0"，再输入"Y"，结束程序运行。

本程序由于采用了占位符，较好地解决了 SQL 语句一句多用的问题。但是，在对数据库进行的操作中，由于多次重复连接数据库、设置游标对象、关闭游标对象和关闭数据库，程序的技巧性不够好。

本程序使用的数据表实际上包含了学生表、课程表和成绩表三张表的内容，因而限制了字段的设置，导致使用时缺少灵活性，需要进一步改善。

14.2 节介绍一个由以上三张表组成的多表学生成绩管理系统的设计过程。

14.2　多表学生成绩管理系统的设计

多表学生成绩管理系统设有包含三张数据表的 SQLite 数据库 xscjglxt.db。三张数据表分别是学生表 Students、课程表 Courses 和成绩表 Scores，它们的结构分别如表 14-2~表 14-4 所示。

表 14-2 学生表 Students

字段名	字段类型	是否主键	字段名称
Sno	字符型	Y	学号
Sname	字符型	N	姓名
Sex	字符型	N	性别
Sbirth	日期型	N	出生日期
Sclass	字符型	N	班级
Address	字符型	N	地址

表 14-3 课程表 Courses

字段名	字段类型	是否主键	字段名称
Cno	字符型	Y	课程号
Cname	字符型	N	课程名
Chours	整型	N	课时
Ccredit	整型	N	学分

表 14-4 成绩表 Scores

字段名	字段类型	是否主键	字段名称
Sno	字符型	Y	学号
Cno	字符型	Y	课程号
Racademicyear	整型	N	选课学年
Rterm	整型	N	选课学期
Score	整型	N	成绩

该范例项目由 4 个文件组成：

❑　主要文件 main.py。

❑　基础文件 basics.py。

❑　管理学生信息文件 manage.py。

❑　查询学生信息文件 query.py。

4 个文件的功能函数介绍如下。

1. 主要文件 main.py

❑　def main()：用于调用其他三个文件的函数。

❑　class Display()：管理多个显示函数的集合的类。

2. 基础文件 basics.py

❑　def common(cn, sql)：将数据从 sql 格式转换成列表嵌入字典的格式并返回，是多次被调用的函数。

❑　def one_students(cn, table_name, want, sel, sinfo)：按输入的参数返回 want 的信息的函数。

❑　def judge_comment(cn, table_name, want, sel, sinfo)：判断 want 的信息是否存在

的函数，若存在则返回 count 的值，若不存在则 count 等于 0。

另外，还有四类子函数，分别用于 Students 表、Courses 表、Scores 表以及用于转换的函数。

用于 Students 表的有：

❑ def insert_students(cn, sno, sname) 是用于对学生表进行插入的函数。

❑ def del_students(cn, sno) 是用于对学生表中按学号进行删除信息的函数。

用于 Courses 表的有：

❑ def insert_courses(cn, cno, cname, chours, credit) 是用于对课程表进行插入的函数。

❑ def del_courses(cn, cno) 是用于对课程表中按课程号进行删除信息的函数。

用于 Scores 表的有：

❑ def insert_scores(cn, sno, cno, ryear, rterm) 是用于对成绩表进行插入的函数。

❑ def del_scorets(cn, sno, cno) 是用于对成绩表中按学号进行删除信息的函数。

用于转换的函数，在使用前要检测输入的参数是否存在。

❑ def cno_to_cname(cn,cno) 是用于将 cno 转换成 cname 的函数。

❑ def cname_to_cno(cn, cname) 是用于将 cname 转换成 cno 的函数。

3. 管理学生信息文件 manage.py

❑ def main(cn) 用于调用 add_stu、del_stu、modify_stu 函数。

❑ def is_valid_date(str_date) 用于判断是否是一个有效的日期字符串。

❑ class Display() 用于管理多个显示函数的集合的类。

另外，还有四类子函数。

添加和修改可以共用的有：

❑ def add_modify_sno(cn) 用于确保新的学号存在。

❑ def add_modify_score(cn, sno) 用于添加成绩。

用于添加学生信息的有：

def add_stu(cn) 用于添加学生信息。

用于删除学生信息的有：

❑ def del_stu(cn) 用于删除学生信息，需调用 del_one_stu() 函数。

❑ def del_one_stu() 用于删除学生信息。

用于修改学生信息的有：

❑ def modify_stu(cn) 用于修改学生信息，需调用 modify _one_stu() 函数。

❑ def modify _one_stu(cn) 用于选择需要修改的信息，并调用相应函数。

❑ def old_to_new(cn, sno, china, english) 用于显示旧的信息，需调用修改函数。

❑ def where_sno_find(cn, sel, sno) 用于按学号进行查找并返回信息。

❑ def where_sno_update(cn, upda, upda_info, sno) 用于按学号进行修改并返回信息。

4. 查询学生信息文件 query.py

❑ class Display() 用于管理多个显示函数的集合的类。

❑ def main(cn) 用于判断学生信息是否存在。

另外，还有两类子函数。

用于查询指定学生的有：

❑ def returnall_stu(cn, sel, sinfo) 用于按学生表里的某个信息进行查找，返回全部信息。

❑ def returnall_repo(cn, sel, sinfo) 用于按学生表里的某个信息进行查找，返回全部信息。

❑ def query_some(cn) 用于查询指定学生的信息，可以调用不同参数的 common() 函数。

❑ def som_common(cn, sel, sinfo) 是 query_some(cn) 函数里的选项可以通用的函数，可以根据 sel 的实际参数的不同而查询不同信息的学生。例如：

```
som_connon(cn, 'Sname', sname)
```

❑ def other_to_sno(cn, sel, sinfo) 用于将学生表里的其他信息转换成 sno 并返回。

❑ def show_students(information) 用于展示学生表里的信息。

用于排序查询的有：

❑ def query_all(cn) 用于排序查询全部学生，将调用以下三个函数。

● def sort_by_sno(cn) 用于按学号排序查看。

● def sort_by_total(cn) 用于按总分排序查看。

● def sort_by_single(cn) 用于按单科成绩排序。

❑ class ShowScores() 用于展示成绩表里的信息，是调用多个显示函数的集合的类。

整个项目的函数数目繁多，构成较为复杂，在进行代码分析时，我们重点放在跟踪操作函数的调用上。

4 个源程序分别如下。

主要文件 main.py 如下。

```python
import os
import sqlite3
import manage as ma
import query as qu

class Display():
    """多个显示函数的集合"""
    def welcome(self):
        print("*******************************\n"
              "      欢迎进入学生成绩管理系统！\n"
              "*******************************\n")

    def thank(self):
        print("\n*********************\n"
              "      感谢您的使用！\n"
              "*********************\n")

    def main_show(self):
        """菜单"""
        print("********************")
        print("\t    主菜单")
        print("********************")
        print("\t 1:查看学生信息")
        print("\t 2:管理学生信息")
        print("\t 0:退出系统")
        print("********************\n")
```

```
27
28   def main():
29       i = os.system("cls")
30       display = Display()
31       display.welcome()
32
33       db_name = input("请输入数据库名：")
34       while not db_name.endswith('.db'):
35           print("数据库文件命名格式错误，"
36                 "请以'.db'结尾\n")
37           db_name = input("请输入数据库名：")
38
39       if not os.path.exists(db_name):
40           create_db(db_name)
41       cn = sqlite3.connect(db_name)
42
43       i = input("\n按下回车键后，将清空屏幕，"
44                 "进入主菜单")
45       i = os.system("cls")
46
```

```
47       while 1:
48           display.main_show()
49           try:
50               m = int(input("请输入选项："))
51           except ValueError:
52               print("请重新输入正确的数字选项")
53               continue
54
55           if m == 1:    #查询学生信息
56               qu.main(cn)
57           elif m == 2:  #管理学生信息
58               ma.main(cn)
59
60           elif m == 0:
61               q = input("\n是否确认退出（Y/N）")
62               if q == "y" or q == "Y":
63                   display.thank()
64                   return
65           else:
66               print("无效的命令，请重新输入")
67
68       cn.close()
69
70   if __name__ == '__main__':
71       main()
```

基础文件 basics.py 如下。

```
1    """一些可以共同使用的函数"""
2    import os
3
4    #返回搜索信息的函数
5    def common(cn, sql):
6        """将数据从sql格式转换成列表镶嵌字典的格式并返回"""
7        cursor = cn.execute(sql)
8        information = []
9        for row in cursor:
10           information.append(row)
11       return information
12
13   def one_students(cn, table_name, want, sel, sinfo):
14       """按输入的参数返回'want'的信息的函数"""
15       sql = '''SELECT DISTINCT %s
16               FROM %s WHERE %s = '%s'
17               ''' % (want, table_name, sel, sinfo)
18       return common(cn, sql)
19
```

```python
def judge_comment(cn, table_name, want, sel, sinfo):
    """判断'want'的信息是否存在返回count，不存在count等于0"""
    sql = '''SELECT DISTINCT %s
            FROM %s WHERE %s = '%s'
        ''' % (want, table_name, sel, sinfo)
    cursor = cn.execute(sql)
    count = 0
    for row in cursor:
        count = count + 1
    return count

#插入，删除，更新函数
# Students 表的
def insert_students(cn, sno, sname):
    """对学生表进行插入"""
    sclass = sno[0:8]
    sql = '''insert into Students (Sno, Sname, Sclass)
            values('%s','%s','%s')
        ''' % (sno, sname, sclass)
    cn.execute(sql)
    cn.commit()
```

```python
def del_students(cn, sno):
    """按学号进行删除信息"""
    sql = '''DELETE FROM Scores
            WHERE Sno = "%s"
        ''' % sno
    cn.execute(sql)
    cn.commit()

    sql = '''DELETE FROM Students
            WHERE Sno = "%s"
        ''' % sno
    cn.execute(sql)
    cn.commit()
    print("删除成功！")

# Courses 表的
def insert_courses( cn, cno, cname, chours, credit):
    """对课程表进行插入"""
    sql = '''insert into Courses
            (Cno, Cname, Chours, Ccredit)
            values('%s','%s','%s','%s')
        ''' % (cno, cname, chours, credit)
    cn.execute(sql)
    cn.commit()
```

```python
def insert_courses2(cn, cno, cname):
    """对课程表进行插入"""
    sql = '''insert into Courses
            (Cno, Cname)
            values('%s','%s')
        ''' % (cno, cname)
    cn.execute(sql)
    cn.commit()

def del_courses(cn, cno):
    """按课程号进行删除信息"""
    sql = '''DELETE FROM Scores
            WHERE Cno = "%s"
        ''' % cno
    cn.execute(sql)
    cn.commit()

    sql = '''DELETE FROM Courses
            WHERE Cno = "%s"
        ''' % cno
    cn.execute(sql)
    cn.commit()
```

```
90    # Scores 表的
91    def insert_scores(cn, sno, cno, ryear, rterm):
92        """对成绩表进行插入"""
93        sno = str(int(sno))
94        sql = '''insert into Scores
95               (Sno, Cno, Racademicyear, Rterm)
96               values('%s','%s','%s','%s')
97               ''' % (sno, cno, ryear, rterm)
98        cn.execute(sql)
99        cn.commit()
100
101   def del_scores(cn, sno, cno):
102        """按学号进行删除信息"""
103        sql = '''DELETE FROM Scores
104               WHERE Sno = '%s' and Cno = '%s'
105               ''' % (sno, cno)
106        cn.execute(sql)
107        cn.commit()
108
```

```
109   #转换函数,使用前记得检测输入的参数是否存在
110   def cno_to_cname(cn, cno):
111        """将cno转换成cname"""
112        sql = '''SELECT DISTINCT Cname
113               FROM Courses
114               WHERE Cno = "%s"
115               ''' % cno
116        cursor = cn.execute( sql)
117        ccname = []
118        for row in cursor:
119            ccname.append(row[0])
120        cname = ccname[0]
121        return cname
122
123   def cname_to_cno(cn, cname):
124        """将cname转换成cno"""
125        sql = '''SELECT DISTINCT Cno
126               FROM Courses
127               WHERE Cname = "%s"
128               ''' % cname
129        cursor = cn.execute(sql)
130        ccno = []
131        for row in cursor:
132            ccno.append(row[0])
133        cno = ccno[0]
134        return cno
135
```

管理学生信息文件 manage.py 如下。

```
1     # 管理学生信息
2     import os
3     import time
4     import basics as ba
5
6     def is_valid_date(str_date):
7         '''判断是否是一个有效的日期字符串'''
8         try:
9             time.strptime(str_date, "%Y-%m-%d")
10        except Exception:
11            return 0
12
13    class Display():
14        """多个显示函数的集合"""
15        def __init__(self):
16            pass
17
18        def prefix( self, name):
19            print("*************************")
20            print("        %s菜单" % name)
21            print("*************************")
22
```

```python
23      def main_show(self):
24          self.prefix("管理学生信息")
25          print("\t 1:添加学生信息")
26          print("\t 2:删除学生信息")
27          print("\t 3:修改学生信息")
28          print("\t 0:返回主菜单")
29          print("***************************\n")
30
31      def del_show(self):
32          self.prefix("\t删除")
33          print("\t 1:删除一个学生")
34          print("\t 0:返回管理菜单")
35          print("***************************\n")
36
37      def modify_show(self):
38          self.prefix("\t修改")
39          print("\t 1:修改一个学生")
40          print("\t 0:返回管理菜单")
41          print("***************************\n")
42
```

```python
43      def modify_one_show(self):
44          self.prefix("修改这个学生的")
45          print("\t 1:学号")
46          print("\t 2:姓名")
47          print("\t 3:性别")
48          print("\t 4:出生日期")
49          print("\t 5:班级")
50          print("\t 6:地址")
51          print("\t 7:成绩")
52          print("\t 0:返回修改菜单")
53          print("***************************\n")
54
55  #增加和核改可共用的
56  def add_modify_sno(cn):
57      '''确保新的学号存在'''
58      newsno = input("\n请输入新的学号(10位数字): ")
59      if len(newsno) != 10:
60          print("输入的数字太长或太短,"
61                "请重新输入")
62          return 0
63
```

```python
64      #判断是否存在, 不存在 等于0
65      count = ba.judge_comment(cn, 'Students', 'Sname', 'Sno', newsno)
66
67      #存在的话, 覆盖前需要删除操作
68      if count != 0:
69          confirm = input("学号'%s'已存在, "
70                          "是否覆盖? (Y/N)" % newsno)
71          if confirm == 'n' or confirm == 'N':
72              return 0
73          else:
74              ba.del_students(cn, newsno)
75      return newsno
76
77  def add_modify_score(cn, sno):
78      '''增加成绩'''
79      while 1:
80          cno = input("\n请输入课程号: ")
81          year = int(input("\n输入你想增加或修改的学年:"))
82          term = int(input("输入你想增加或修改的学期:"))
83          score = input("请输入%s学年第%s学期的%s号学科的成绩: " %
84                        (year, term, cno))
85          sql = '''insert into Scores
86                  ( Sno, Cno, Racademicyear, Rterm, Score)
87                  values( '%s', '%s', '%s', '%s', '%s')
88              ''' % (sno, cno, year, term, score)
89          sstu = cn.execute(sql)
90          cn.commit()
```

```
91              count = 0
92              for stu in sstu:
93                  print("选课学年:%s\t选课学期:%s\t成绩:%s"
94                        % (stu[0], stu[1], stu[2]))
95                  count = count + 1
96              print("\n添加成功！")
97              judge = input("\n是否继续添加/修改成绩？(Y/N)")
98              if judge == 'y' or judge == 'Y':
99                  continue
100             else:
101                 return
102
103     def modify_score(cn, sno):
104         '''修改成绩'''
105         print("原来的成绩：")
106         sql = '''SELECT DISTINCT Racademicyear,Rterm,Cno,Score
107                      FROM Scores WHERE Sno = "%s"
108                          ORDER BY Racademicyear DESC, Rterm DESC,
109                              Score DESC
110                  ''' % sno
111         dstu = cn.execute(sql)
112         for stu in dstu:
113             print("选课学年:%s\t选课学期:%s\t课程号%s\t成绩:%s "
114                   % (stu[0], stu[1], stu[2], stu[3]))
115         cn.commit()
```

```
116         while 1:
117             cno = input("\n请输入课程号：")
118             year = int(input("\n输入你想增加或修改的学年:"))
119             term = int(input("输入你想增加或修改的学期:"))
120             score = input("请输入%s学年第%s学期的%s号学科的成绩：" %
121                           (year, term, cno))
122             sql = '''UPDATE Scores
123                          SET Racademicyear = '%s', Rterm = '%s', Score = '%s'
124                          WHERE Sno = '%s' and Cno = '%s'
125                      ''' % (year, term, score, sno, cno)
126             dstu = cn.execute(sql)
127             print("修改后的成绩：")
128             sql = '''SELECT DISTINCT Racademicyear, Rterm, Cno, Score
129                              FROM Scores WHERE Sno = "%s"
130                          ORDER BY Racademicyear DESC, Rterm DESC,
131                              Score DESC
132                      ''' % sno
133             dstu = cn.execute(sql)
134             for stu in dstu:
135                 print("选课学年:%s\t选课学期:%s\t课程号%s\t成绩:%s "
136                       % (stu[0], stu[1], stu[2], stu[3]))
137             print("\n修改成功！")
138             cn.commit()
```

```
139             judge = input("\n是否继续修改成绩？(Y/N)")
140             if judge == 'y' or judge == 'Y':
141                 continue
142             else:
143                 return
144
145     #添加学生信息
146     def add_stu(cn):
147         while 1:
148             i = input("按下回车键后，将清空屏幕")
149             i = os.system("cls")
150             sno = add_modify_sno(cn)
151             if sno == 0:
152                 continue
153             sname = input("请输入姓名：")
154             ba.insert_students(cn, sno, sname)
155             while 1:
156                 sex = input("请输入性别(男/女)：")
157                 if sex != '男' and sex != '女':
158                     print("请输入'男'或'女'")
159                     continue
160                 else:
161                     where_sno_update(cn, 'Sex', sex, sno)
162                     break
```

```
163        confirm = input("\n是否输入出生日期? (Y/N)")
164        if confirm == 'y' or confirm == 'Y':
165            while 1:
166                sbirth = input("请输入出生日期: "
167                               "(eg:2000-01-01)")
168                count = 0
169                try:
170                    time.strptime(sbirth, "%Y-%m-%d")
171                except Exception:
172                    print("请输入正确的日期格式"
173                          "(eg:2000-01-01)")
174                    continue
175                break
176
177            where_sno_update(cn, 'Sbirth', sbirth, sno)
178
179        confirm = input("\n是否输入地址? (Y/N)")
180        if confirm == 'y' or confirm == 'Y':
181            address = input("请输入地址: ")
182            where_sno_update(cn, 'Address', address, sno)
183        confirm = input("\n是否输入成绩? (Y/N)")
184        if confirm == 'y' or confirm == 'Y':
185            add_modify_score(cn, sno)
186        confirm = input("\n是否继续添加学生? (Y/N)")
187        if confirm == 'n' or confirm == 'N':
188            break
```

```
189
190    # 删除学生信息
191    def del_one_stu(cn):
192        """删除一个学生信息"""
193        sno = input("请输入需要删除的学生的学号: ")
194        count = ba.judge_comment(cn, 'Students', 'Sname', 'Sno', sno)
195        if count == 0:
196            print("学号不存在, 请重新输入")
197            return
198        confirm = input("请问确认删除这个学生"
199                        "在数据库中的全部信息吗? (Y/N)")
200        if confirm == 'y' or confirm == 'Y':
201            ba.del_students(cn, sno)
202
203    def del_stu(cn):
204        """删除学生信息, 调用del_one_stu 和del_one_sclass """
205        while 1:
206            i = input("按下回车键后, 将清空屏幕")
207            i = os.system("cls")
208            display = Display()
209            display.del_show()
210            try:
211                m22 = int(input("请输入选项: "))
212            except ValueError:
213                print("请重新输入正确的数字选项")
214                continue
```

```
215
216              if m22 == 1:
217                  del_one_stu(cn)
218              elif m22 == 0:
219                  return
220              else:
221                  print("无效的命令，请重新输入")
222
223      #修改学生信息
224      def where_sno_find(cn, sel, sno):
225          """按学号进行查找返回信息"""
226          sql = '''SELECT DISTINCT %s
227                  FROM Students
228                  WHERE Sno = '%s'
229              ''' % (sel, sno)
230          cursor = cn.execute(sql)
231          information = []
232          count = 0
233          for row in cursor:
234              information.append(row[0])
235              count = count + 1
236          if count == 1:
237              return information[0]
238          else:
239              return 0
```

```
240
241      def where_sno_update(cn, upda, upda_infor, sno):
242          """按学号进行修改信息"""
243          sql = "UPDATE Students SET %s = '%s'" \
244              "WHERE Sno = '%s'"\
245              % (upda, upda_infor, sno)
246          cn.execute(sql)
247          cn.commit()
248
249      def old_to_new(cn, sno, china, english):
250          """显示旧的信息，调用修改函数"""
251          old = where_sno_find(cn, english, sno)
252          print("原来的%s为：%s" % (china, old))
253
254          new = input("请输入新的%s: " % china)
255          where_sno_update(cn, english, new, sno)
256
257      def modify_one_stu(cn):
258          """选择需要修改的信息，并调用相应函数"""
259          display = Display()
260          i = input("按下回车键后，将清空屏幕")
261          i = os.system("cls")
262          while 1:
263              sno = input("请输入需要修改信息的学生学号：")
264              count = ba.judge_comment(cn, 'Students', 'Sname', 'Sno', sno)
265              if count == 0:
266                  print("学号不存在，请重新输入")
```

```python
267                     continue
268             else:
269                 break
270
271     while 1:
272         i = input("按下回车键后，将清空屏幕")
273         i = os.system("cls")
274         display.modify_one_show()
275         try:
276             m231 = int(input("请输入选项："))
277         except ValueError:
278             print("请重新输入正确的数字选项")
279             continue
280
281         if m231 == 1:    #修改学生的学号
282             print("\n原来的学号为: ",sno)
283             change_sno = add_modify_sno(cn)
284             if change_sno != 0:
285                 sql = "UPDATE Scores SET Sno = '%s'" \
286                     "WHERE Sno = '%s'" \
287                     % (change_sno, sno)
288                 cn.execute(sql)
289                 cn.commit()
290
291                 where_sno_update(cn, 'Sno', change_sno, sno)
292                 sno = change_sno
```

```python
293
294         elif m231 == 2:    #修改学生的姓名
295             old_to_new(cn, sno, '姓名', 'Sname')
296         elif m231 == 3:    #修改学生的性别
297             old_to_new(cn, sno, '性别', 'Sex')
298         elif m231 == 4:    #修改学生的出生日期
299             old_to_new(cn, sno, '出生日期', 'Sbirth')
300         elif m231 == 5:    #修改学生的班级
301             old_to_new(cn, sno, '班级', 'Sclass')
302         elif m231 == 6:    #修改学生的地址
303             old_to_new(cn, sno, '地址', 'Address')
304         elif m231 == 7:    #修改成绩
305             modify_score(cn, sno)
306         elif m231 == 0:    #返回修改菜单
307             return
308         else:
309             print("无效的命令，请重新输入")
310
311 def modify_stu(cn):
312     """修改学生信息. 调用modify_one_stu( )"""
313     display = Display()
314     while 1:
315         i = input("按下回车键后，将清空屏幕")
316         i = os.system("cls")
317         display.modify_show()
```

```python
318         m23 = input("请输入选项: ")
319         if m23 == '1':
320             modify_one_stu(cn)
321         elif m23 == '0':
322             return
323         else:
324             print("无效的命令，请重新输入")
325
```

```
326    # 主函数
327    def main( cn):
328        """调用add_stu、del_stu、modify_stu函数"""
329        while 1:
330            i = input("\n按下回车键后，将清空屏幕")
331            i = os.system("cls")
332            display = Display()
333            display.main_show()
334            try:
335                m2 = int(input("请输入选项："))
336            except ValueError:
337                print("请重新输入正确的数字选项")
338                continue
339            if m2 == 1:  #添加学生
340                add_stu(cn)
341            elif m2 == 2:  #删除学生
342                del_stu(cn)
343            elif m2 == 3:  #修改学生信息
344                modify_stu(cn)
345            elif m2 == 0:
346                i = input("按下回车键后，将清空屏幕，"
347                          "返回主菜单")
348                i = os.system("cls")
349                return
350            else:
351                print("无效的命令，请重新输入")
```

查询学生信息文件 query.py 如下。

```
1    import os
2    import basics as ba
3
4    class Display():
5        """多个显示函数的集合"""
6        def __init__(self):
7            pass
8
9        def prefix(self, name):
10            print("**********************")
11            print("      %s菜单" % name)
12            print("**********************")
13
14        def main_show(self):
15            self.prefix("查询学生信息")
16            print("\t 1:查询指定的学生")
17            print("\t 2:排序查询")
18            print("\t 0:返回主菜单")
19            print("**********************\n")
20
21        def some_show(self):
22            self.prefix(" 查询指定的学生")
23            print("\t 1:按学号")
24            print("\t 2:按姓名")
25            print("\t 3:按性别")
26            print("\t 4:按班级")
27            print("\t 5:按地址")
28            print("\t 0:返回查询菜单")
29            print("**********************\n")
30
31        def all_show(self):
32            self.prefix("  排序查询")
33            print("\t 1:按学号排序查看")
34            print("\t 2:按总分排序查看")
35            print("\t 3:按单科成绩排序")
36            print("\t 0:返回查询菜单")
37            print("**********************\n")
38
```

```python
39  #    按输入的参数返回"全部信息"的两个函数
40  def returnall_stu(cn, sel, sinfo):
41      """按学生表里的某个信息进行查找，返回全部信息"""
42      sql = '''SELECT DISTINCT Sno, Sname, Sex,
43                    Sbirth, Sclass, Address
44             FROM Students WHERE %s = '%s'
45          ''' % (sel, sinfo)
46      return common(cn, sql)
47
48  def returnall_repo(cn, sel, sinfo):
49      """按学生表里的某个信息进行查找，返回全部信息"""
50      sql = '''SELECT DISTINCT Racademicyear,
51                    Rterm, Sno, Cno, Score
52             FROM Scores WHERE %s = '%s'
53             ORDER BY Racademicyear DESC, Rterm DESC
54          ''' % (sel, sinfo)
55      return common(cn, sql)
56
```

```python
57  #查询指定的学生
58  def show_students(information):
59      """展示学生表里的信息"""
60      for row in information:
61          print("学号: ",row[0])
62          print("姓名: ",row[1])
63          print("性别: ",row[2])
64          print("出生日期: ",row[3])
65          print("班级: ",row[4])
66          print("地址: ",row[5])
67
68  def common(cn, sql):
69      """将数据从sql格式转换成列表里嵌字典的格式并返回"""
70      cursor = cn.execute(sql)
71      information = []
72      for row in cursor:
73          information.append(row)
74      return information
75
```

```python
76  def other_to_sno(cn, sel, sinfo):
77      """将学生表里的其他信息转换成sno"""
78      sql = '''SELECT DISTINCT Sno
79             FROM Students
80             WHERE %s = '%s'
81          ''' % (sel, sinfo)
82      return common(cn, sql)
83
84  def som_common(cn, sel, sinfo):
85      """query_some(cn)里的选项可以通用的函数"""
86      ssno = other_to_sno(cn, sel, sinfo)
87      if ssno is not None:
88          for stu in ssno:
89              for sno in stu:
90                  i = input("按回车键显示下一个学生...")
91                  print("*******************************")
92                  onestu = returnall_stu(cn, 'Sno', sno)
93                  show_students(onestu)
94                  repo = returnall_repo(cn, 'Sno', sno)
95                  if repo is not None:
96                      print("学号%s的成绩为: " % sno)
97                      sr = ShowScores(cn, repo)
98                      sr.by_sno()
99                  else:
100                     print("没有成绩")
101                 print("\n*******************************\n")
```

```
182         else:
183             print("不存在学生，请重新输入")
184             return
185
186  def query_some(cn):
187      """查询指定的学生"""
188      display = Display()
189      while 1:
110          i = input("按下回车键后，将清空屏幕")
111          i = os.system("cls")
112          display.some_show()
113          try:
114              m11 = int(input("请输入选项："))
115          except ValueError:
116              print("请重新输入正确的数字选项")
117              continue
118
119          if m11 == 1:  # 按学号
120              sno = input("请输入需要查找的学生的学号：")
121              som_common(cn, 'Sno', sno)
122          elif m11 == 2:  # 按姓名
123              sname = input("请输入需要查找的学生的姓名：")
124              som_common(cn, 'Sname', sname)
125          elif m11 == 3:  # 按性别
126              sex = input("请输入需要查找的学生的性别：")
127              som_common(cn, 'Sex', sex)
128          elif m11 == 4:  # 按班级
129              sclass = input("请输入需要查找的学生的班级：")
130              som_common(cn, 'Sclass', sclass)
131          elif m11 == 5:  # 按地址
132              address = input("请输入需要查找的学生的地址：")
133              som_common(cn, 'Address', address)
134          elif m11 == 0:
135              return
136          else:
137              print("无效的命令，请重新输入")
138
139  #排序查询学生
140  class ShowScores():
141      """展示成绩表里的信息"""
142      def __init__(self, cn, information):
143          self.cn = cn
144          self.information = information
145          pass
146
147      def day(self, year, term):
148          print("选课学年：%-5s" % year, end = " ")
149          print("选课学期：%-5s" % term, end = " ")
150          return
151
152      def by_sno(self):
153          y = 0
154          for row in self.information:
155              if y != row[0]:
156                  y = row[0]
157                  print("%s年度：" % y)
158              cname = ba.cno_to_cname(self.cn, row[3])
159              self.day(row[0], row[1])
160              print("课程名：%-10s" % cname, end = " ")
161              print("成绩：%-5s" % row[4])
162
```

```
163     def by_total(self):
164         y = 0
165         for row in self.information:
166             if y != row[0]:
167                 y = row[0]
168                 print("\n%s年度: " % y)
169             self.day(_row[0], row[1])
170             print("学号: %-11s" % row[2], end=" ")
171             print("总分: %-5s" % row[3])
172
173     def by_single(self):
174         y = 0
175         for row in self.information:
176             if y != row[0]:
177                 y = row[0]
178                 print("\n%s年度: " % y)
179             self.day(row[0], row[1])
180             print("学号: %-11s" % row[2], end=" ")
181             print("成绩: %-5s" % row[3])
182
183 def sort_by_sno(cn):
184     """按学号排序查看"""
185     sql = '''SELECT DISTINCT Sno, Sname, Sex,
186                     Sbirth, Sclass, Address
187             FROM Students
188             ORDER BY Sno
189         '''
```

```
190     stus = ba.common(cn, sql)
191
192     for onestu in stus:
193         i = input("按回车键显示下一个学生...")
194         print("****************************************")
195         print("学号: ",onestu[0])
196         print("姓名: ",onestu[1])
197         print("性别: ",onestu[2])
198         print("出生日期: ",onestu[3])
199         print("班级: ",onestu[4])
200         print("地址: ",onestu[5])
201         repo = returnall_repo(cn, 'Sno', onestu[0])
202         if repo is not None:
203             print("学号%s的成绩为: " % onestu[0])
204             sr = ShowScores(cn, repo)
205             sr.by_sno()
206         else:
207             print("没有成绩")
208         print("\n****************************************\n")
209
```

```
210 def sort_by_total(cn):
211     """按总分排序查看"""
212     sql = '''SELECT DISTINCT Racademicyear,
213                     Rterm, Sno, SUM(Score)
214             FROM Scores
215             GROUP BY Sno, Racademicyear, Rterm
216             ORDER BY Racademicyear DESC, Rterm DESC,
217                     SUM(Score) DESC
218         '''
219     stus = ba.common(cn, sql)
220
221     print("各学年各学期总分的排名为: ")
222     sr = ShowScores(cn, stus)
223     sr.by_total()
224
225 def sort_by_single(cn):
226     """按单科成绩排序"""
227     sql = '''SELECT Cname
228             FROM Courses
229         '''
230     total_cname = ba.common(cn, sql)
231
```

```
232         while 1:
233             print("存在以下课程：")
234             i = 0
235             for row in total_cname:
236                 print(row[0], end="   ")
237                 i = i + 1
238                 if i % 5 == 0:
239                     print("")
240             print("")
241             cname = input("\n请输入课程名:")
242             count = ba.judge_comment(cn, 'Courses', 'Cno', 'Cname', cname)
243             if count == 0:
244                 print("课程不存在，请重新输入")
245                 continue
246             else:
247                 cno = ba.cname_to_cno(cn, cname)
248                 sql = '''SELECT DISTINCT Racademicyear,
249                             Rterm, Sno,Score
250                     FROM Scores WHERE Cno = "%s"
251                     ORDER BY Racademicyear DESC, Rterm DESC,
252                             Score DESC
253                 ''' % cno
254                 stus = ba.common(cn, sql)
255
256                 print("%s的排名为下：" % cname)
257                 sr = ShowScores(cn, stus)
258                 sr.by_single()
```

```
259
260             confirm = input("\n请问是否继续进行单科排序(Y/N)")
261             if confirm == 'n' or confirm == 'N':
262                 return
263
264 def query_all(cn):
265     """排序查询全部的学生"""
266     display = Display()
267     while 1:
268         i = input("\n按下回车键后，将清空屏幕")
269         i = os.system("cls")
270         display.all_show()
271         try:
272             m12 = int(input("请输入选项："))
273         except ValueError:
274             print("请重新输入正确的数字选项")
275             continue
276
277         if m12 == 1:  #按学号排序查看
278             sort_by_sno(cn)
279         elif m12 == 2:  #按总分排序查看
280             sort_by_total(cn)
281         elif m12 == 3:  #按单科成绩排序
282             sort_by_single(cn)
283         elif m12 == 0:
284             return
```

```
285         else:
286             print("无效的命令，请重新输入")
287
288  #主函数
289  def main(cn):
290      """判断是否有学生存在，并根据选项调用函数
291      query_all 和query_some """
292      sql = '''SELECT DISTINCT Sno, Sname, Sex,
293                       Sbirth, Sclass, Address
294              FROM Students
295          '''
296      stus = ba.common(cn, sql)
297      count = 0
298      for row in stus:
299          count = count + 1
300
301      if count == 0:
302          print("数据库中没有学生，"
303                "请添加学生或导入数据")
304          i = input("\n按下回车键后，将清空屏幕，"
305                "返回主菜单")
306          i = os.system("cls")
307          return
308
```

```
309      while 1:
310          i = input("\n按下回车键后，将清空屏幕")
311          i = os.system("cls")
312          display = Display()
313          display.main_show()
314          m1 = input("请输入选项：")
315
316          if m1 == '1':  #查询指定的学生
317              query_some(cn)
318          elif m1 == '2':  #排序查询全部的学生
319              query_all(cn)
320          elif m1 == '0':
321              i = input("\n按下回车键后，将清空屏幕，"
322                    "返回主菜单")
323              i = os.system("cls")
324              return
325          else:
326              print("无效的命令，请重新输入")
```

程序运行结果如下。

首先进入系统，出现欢迎画面，要求输入数据库名。

```
*********************************
          欢迎进入学生成绩管理系统！
*********************************
```

请输入数据库名：

当正确输入数据库名 xscjglxt.db 之后，进入主菜单。

请输入数据库名：*xscjglxt.db*

按下回车键后，将清空屏幕，进入主菜单

⊡**********************
　　　　　　　主菜单
****
　　　　1：查询学生信息
　　　　2：管理学生信息
　　　　0：退出系统

在主菜单中输入"1"后，进入查询学生信息分菜单。

⊡**********************
　　　　查询学生信息菜单
****
　　　　1：查询指定的学生
　　　　2：排序查询
　　　　0：返回主菜单
****

当在查询学生信息分菜单中输入"1"选择"查询指定的学生"选项之后，进入查询指定学生信息的子菜单。输入"1"选择"按学号"查询，在输入"2020010101"后，显示软件工程1班学号为2020010101的学生的全部信息。

⊡**********************
　　　　查询指定的学生菜单
****
　　　　1：按学号
　　　　2：按姓名
　　　　3：按性别
　　　　4：按班级
　　　　5：按地址
　　　　0：返回查询菜单
****

请输入选项：▌

```
******************************
学号：    2020010101
姓名：    李斌
性别：    男
出生日期：  2002-07-05
班级：    软件工程1班
地址：    上海
学号2020010101的成绩为：
2020年度：
选课学年：2020    选课学期：1    课程名：计算机导论    成绩：86
选课学年：2020    选课学期：1    课程名：高等数学    成绩：92
选课学年：2020    选课学期：1    课程名：大学英语    成绩：78
选课学年：2020    选课学期：1    课程名：哲学    成绩：80


******************************
```

返回查询指定学生信息的子菜单，输入"2"选择"按姓名"查询，当输入"谢璐"后，显示软件工程 2 班姓名为谢璐的学生的全部信息。

```
******************************
学号：    2020010204
姓名：    谢璐
性别：    女
出生日期：  2004-12-12
班级：    软件工程2班
地址：    南昌
学号2020010204的成绩为：
2020年度：
选课学年：2020    选课学期：1    课程名：计算机导论    成绩：92
选课学年：2020    选课学期：1    课程名：高等数学    成绩：96
选课学年：2020    选课学期：1    课程名：大学英语    成绩：91
选课学年：2020    选课学期：1    课程名：哲学    成绩：86


******************************
```

返回查询指定学生信息的子菜单，输入"3"选择"按性别"查询，输入"女"之后，显示两个班五位女学生的全部信息。这里仅列出了第一位女学生的信息，其他四位女学生的信息未列出。

```
*****************************
学号：  2020010103
姓名：  宋玲
性别：  女
出生日期：  2003-06-15
班级：  软件工程1班
地址：  北京
学号2020010103的成绩为：
2020年度：
选课学年：2020   选课学期：1      课程名：计算机导论        成绩：92
选课学年：2020   选课学期：1      课程名：高等数学          成绩：95
选课学年：2020   选课学期：1      课程名：大学英语          成绩：91
选课学年：2020   选课学期：1      课程名：哲学              成绩：89


*****************************
```

返回查询指定学生信息的子菜单，输入"3"选择"按性别"查询，输入"男"之后，显示两个班五位男学生的全部信息。这里仅列出了第一位男学生的信息，其他四位男学生的信息未列出。

```
*****************************
学号：  2020010101
姓名：  李斌
性别：  男
出生日期：  2002-07-05
班级：  软件工程1班
地址：  上海
学号2020010101的成绩为：
2020年度：
选课学年：2020   选课学期：1      课程名：计算机导论        成绩：86
选课学年：2020   选课学期：1      课程名：高等数学          成绩：92
选课学年：2020   选课学期：1      课程名：大学英语          成绩：78
选课学年：2020   选课学期：1      课程名：哲学              成绩：80


*****************************
```

返回查询指定学生信息的子菜单，输入"4"选择"按班级"查询，输入"软件工程2班"之后，显示软件工程2班五位学生的全部信息。这里仅列出了第一位学生的信息，其他四位学生的信息未列出。

```
*******************************
学号：   2020010201
姓名：   黄海
性别：   男
出生日期：   2002-04-14
班级：   软件工程2班
地址：   北京
学号2020010201的成绩为：
2020年度：
选课学年：2020    选课学期：1        课程名：计算机导论        成绩：88
选课学年：2020    选课学期：1        课程名：高等数学          成绩：98
选课学年：2020    选课学期：1        课程名：大学英语          成绩：95
选课学年：2020    选课学期：1        课程名：哲学              成绩：85


*******************************
```

返回查询指定学生信息的子菜单，输入"5"选择"按地址"查询，输入"北京"之后，显示地址为北京的三位学生的全部信息。这里仅列出了第一位学生的信息，其他两位学生的信息未列出。

```
*******************************
学号：   2020010103
姓名：   宋玲
性别：   女
出生日期：   2003-06-15
班级：   软件工程1班
地址：   北京
学号2020010103的成绩为：
2020年度：
选课学年：2020    选课学期：1        课程名：计算机导论        成绩：92
选课学年：2020    选课学期：1        课程名：高等数学          成绩：95
选课学年：2020    选课学期：1        课程名：大学英语          成绩：91
选课学年：2020    选课学期：1        课程名：哲学              成绩：89


*******************************
```

返回查询学生信息分菜单。当在查询学生信息分菜单中输入"2"选择"排序查询"选项之后，进入排序查询子菜单。

```
🄲***********************
        排序查询菜单
************************
        1：按学号排序查看
        2：按总分排序查看
        3：按单科成绩排序
        0：返回查询菜单
************************
```

输入"2"选择"按总分排序查看"选项，显示两个班共10位学生按总分排序的结果。

请输入选项：*2*
各学年各学期总分的排名为下：
2020年度：

选课学年：2020	选课学期：1	学号：2020010103	总分：367
选课学年：2020	选课学期：1	学号：2020010201	总分：366
选课学年：2020	选课学期：1	学号：2020010204	总分：364
选课学年：2020	选课学期：1	学号：2020010104	总分：363
选课学年：2020	选课学期：1	学号：2020010202	总分：346
选课学年：2020	选课学期：1	学号：2020010102	总分：345
选课学年：2020	选课学期：1	学号：2020010203	总分：340
选课学年：2020	选课学期：1	学号：2020010101	总分：336
选课学年：2020	选课学期：1	学号：2020010205	总分：319
选课学年：2020	选课学期：1	学号：2020010105	总分：317

返回排序查询子菜单，输入"3"选择"按单科成绩排序"选项，输入"计算机导论"后，显示两个班共10位学生的"计算机导论"课程按成绩从高到低的排序结果。

请输入课程名：*计算机导论*
计算机导论的排名为下：
2020年度：

选课学年：2020	选课学期：1	学号：2020010104	成绩：95
选课学年：2020	选课学期：1	学号：2020010103	成绩：92
选课学年：2020	选课学期：1	学号：2020010204	成绩：92
选课学年：2020	选课学期：1	学号：2020010202	成绩：89
选课学年：2020	选课学期：1	学号：2020010201	成绩：88
选课学年：2020	选课学期：1	学号：2020010101	成绩：86
选课学年：2020	选课学期：1	学号：2020010102	成绩：85
选课学年：2020	选课学期：1	学号：2020010105	成绩：78
选课学年：2020	选课学期：1	学号：2020010203	成绩：78
选课学年：2020	选课学期：1	学号：2020010205	成绩：75

请问是否继续进行单科排序(Y/N) Y
存在以下课程:
计算机导论　　高等数学　　大学英语　　哲学

输入"高等数学"后,显示两个班共 10 位学生的"高等数学"课程按成绩从高到低的排序结果。

请输入课程名:*高等数学*
高等数学的排名为下:
2020年度:

选课学年: 2020	选课学期: 1	学号: 2020010201	成绩: 98
选课学年: 2020	选课学期: 1	学号: 2020010103	成绩: 95
选课学年: 2020	选课学期: 1	学号: 2020010204	成绩: 95
选课学年: 2020	选课学期: 1	学号: 2020010101	成绩: 92
选课学年: 2020	选课学期: 1	学号: 2020010102	成绩: 90
选课学年: 2020	选课学期: 1	学号: 2020010104	成绩: 86
选课学年: 2020	选课学期: 1	学号: 2020010202	成绩: 84
选课学年: 2020	选课学期: 1	学号: 2020010203	成绩: 83
选课学年: 2020	选课学期: 1	学号: 2020010205	成绩: 79
选课学年: 2020	选课学期: 1	学号: 2020010105	成绩: 75

同理,分别输入"大学英语"和"哲学"后,显示两个班共 10 位学生的"大学英语"和"哲学"课程按成绩从高到低的排序结果。

输入三次 0 后返回主菜单,输入"1"选择"管理学生信息"选项之后,进入管理学生信息分菜单。

```
☑**************************
        管理学生信息菜单
**************************
        1:添加学生信息
        2:删除学生信息
        3:修改学生信息
        0:返回主菜单
**************************
```

输入"1"选择"添加学生信息"选项,按输入提示输入添加学生的学号、姓名、性别,后面分别按要求输入出生日期、地址、成绩。添加完成后屏幕显示"添加成功"。

请输入新的学号(10位数字)：*2020010206*
请输入姓名：*王朝*
请输入性别（男/女）：*女*

是否输入出生日期？（Y/N）*Y*
请输入出生日期：（eg:2000-01-01）*2002-06-06*

是否输入地址？（Y/N）*Y*
请输入地址：*上海*

是否输入成绩？（Y/N）*Y*

请输入课程号：*01*

输入你想增加或修改的学年:*2020*
输入你想增加或修改的学期:*1*
请输入2020学年第1学期的01号学科的成绩：*90*

添加成功！

是否继续添加/修改成绩？（Y/N）*Y*

请输入课程号：*02*

输入你想增加或修改的学年:*2020*
输入你想增加或修改的学期:*1*
请输入2020学年第1学期的02号学科的成绩：*85*

添加成功！

是否继续添加/修改成绩？（Y/N）*Y*

请输入课程号：*03*

输入你想增加或修改的学年:*2020*
输入你想增加或修改的学期:*1*
请输入2020学年第1学期的03号学科的成绩：*82*

添加成功！

是否继续添加/修改成绩？（Y/N）*Y*

请输入课程号：*04*

输入你想增加或修改的学年：*2020*
输入你想增加或修改的学期：*1*
请输入2020学年第1学期的04号学科的成绩：*86*

添加成功！

是否继续添加/修改成绩？（Y/N）*N*

为了证实学号为 2020010206 的学生信息确实添加成功，返回主菜单，输入"1"选择"查询学生信息"选择，进入查询学生信息分菜单。然后输入"1"选择"查询指定的学生"选项。之后输入"1"选择"按学号"查询。当输入学号 2020010206 后，查看到学号 2020010206 学生的全部信息。

请输入选项：*1*
请输入需要查找的学生的学号：*2020010206*
按回车键显示下一个学生...
****
学号：　2020010206
姓名：　王朝
性别：　女
出生日期：　2002-06-06
班级：　20200102
地址：　上海
学号2020010206的成绩为：
2020年度：
选课学年：2020　选课学期：1　课程名：计算机导论　成绩：90
选课学年：2020　选课学期：1　课程名：高等数学　成绩：85
选课学年：2020　选课学期：1　课程名：大学英语　成绩：82
选课学年：2020　选课学期：1　课程名：哲学　成绩：86

****

返回管理学生信息分菜单，输入"3"选择"修改学生信息"选项，进入修改子菜单。选择"修改一个学生"选项。输入要进行修改的学生的学号：2020010206，在"修改这个学生"子菜单中选择修改"成绩"选项。

```
▯************************
        管理学生信息菜单
************************
        1:添加学生信息
        2:删除学生信息
        3:修改学生信息
        0:返回主菜单
************************
```

请输入选项：*3*
按下回车键后，将清空屏幕
```
▯************************
            修改菜单
************************
        1:修改一个学生
        0:返回管理菜单
************************
```

请输入选项：*1*
按下回车键后，将清空屏幕
▯请输入需要修改信息的学生学号：*2020010206*

```
▯************************
        修改这个学生的菜单
************************
        1:学号
        2:姓名
        3:性别
        4:出生日期
        5:班级
        6:地址
        7:成绩
        0:返回修改菜单
************************
```

先显示该学生原来的成绩，输入要修改成绩的学科课程号：04，即准备修改"哲学"学科的成绩。将成绩从 86 修改为 80 之后，按四科成绩由高到低排序显示修改后的四科成绩，屏幕显示"修改成功！"。

请输入选项：*7*
原来的成绩：

选课学年：2020	选课学期：1	课程号01 成绩：90
选课学年：2020	选课学期：1	课程号04 成绩：86
选课学年：2020	选课学期：1	课程号02 成绩：85
选课学年：2020	选课学期：1	课程号03 成绩：82

请输入课程号：*04*

输入你想增加或修改的学年：*2020*
输入你想增加或修改的学期：*1*
请输入2020学年第1学期的04号学科的成绩：*80*
修改后的成绩：

选课学年：2020	选课学期：1	课程号01 成绩：90
选课学年：2020	选课学期：1	课程号02 成绩：85
选课学年：2020	选课学期：1	课程号03 成绩：82
选课学年：2020	选课学期：1	课程号04 成绩：80

修改成功！

　　返回管理学生信息分菜单，输入"2"选择"删除学生信息"选项，进入删除子菜单，按要求输入要删除的学生学号：2020010206，经过确认之后，屏幕显示"删除成功！"。

```
*************************
        删除菜单
*************************
    1：删除一个学生
    0：返回管理菜单
*************************
```

请输入选项：*1*
请输入需要删除的学生的学号：*2020010206*
请问确认删除这个学生在数据库中的全部信息吗？(Y/N)*Y*
删除成功！

　　为了证实删除成功，在删除菜单中再次输入该学生的学号，系统回答"学号不存在"，证明该学号已经被删除。当然，也可以进入查询中用学号、性别、班级等各种方式查看，均能得到同样的结论。

```
⊘***************************
           删除菜单
***************************
      1:删除一个学生
      0:返回管理菜单
****************************
```

```
请输入选项：1
请输入需要删除的学生的学号：2020010206
学号不存在，请重新输入
```

最后返回主菜单，输入"0"准备退出系统，经确认后退出系统。

```
⊘*********************
         主菜单
*********************
     1:查询学生信息
     2:管理学生信息
     0:退出系统
*********************
```

屏幕显示：

```
⊘**********************
          主菜单
**********************
     1:查询学生信息
     2:管理学生信息
     0:退出系统
**********************
```

```
请输入选项：0
```

```
是否确认退出（Y/N）Y
```

```
**********************
      感谢您的使用！
**********************
```

代码分析：

在分析之前，先介绍下本范例编程的三个特点。

特点 1：文件之间是通过模块的包含而发生联系的。

在主要文件 main.py 的前面包含的模块有：

```
import os
import sqlite3
import manage as ma
import query as qu
```

其中，第 1 个是系统模块。第 2 个是 Python 自带的数据库连接驱动模块。第 3 个是以管理学生信息文件 manage.py 程序文件作为模块，通过它的别名 ma 发生联系。第 4 个是以查询学生信息文件 query.py 程序文件作为模块，通过它的别名 qu 发生联系。

管理学生信息文件 manage.py 的前面包含的模块有：

```
import os
import time
import basics as ba
```

其中，第 1 个是系统模块。第 2 个是时间模块。第 3 个是以基础文件 basics.py 程序文件作为模块，通过它的别名 ba 发生联系。

查询学生信息文件 query.py 的前面包含的模块有：

```
import os
import basics as ba
```

其中，第 1 个是系统模块。第 2 个是以基础文件 basics.py 程序文件作为模块，通过它的别名 ba 发生联系。

基础文件 basics.py 中的函数都是被其他文件调用的，有的还被多次调用。这样处理，可以大大减少重复书写函数代码，使程序文件显得更简明扼要。

特点 2：用数据库连接变量 cn 作参数，cn = sqlite3.connect(db_name)，这样做避免了需要多次连接数据库，使操作过程更便捷。

特点 3：为了使操作数据表的 SQL 语句能够一句多用，本范例多处使用了占位符，占位符均采用了 %s = '%s' 的形式。前者代表的是字段的名，后者代表的是该字段的值。操作一个由多个数据表构成的数据库，这样做十分有必要。

整个范例的运行是从主要文件 main.py 开始，最后又回主要文件结束。

本范例文件不少，每个文件包含的函数较多，调用过程较为繁杂。

当数据表中的字段较多时，在操作数据表的 SQL 语句中，以修改操作的 SQL 语句较为复杂。所以我们以修改学生成绩操作为例，介绍程序的运行过程。其他操作，读者可参照自行分析。

主要文件 main.py

第 70~71 行：调用并进入主函数。

第 28 行：进入 def main() 主函数。

第 29 行：清空屏幕，后面多次用到，不再重复介绍。

第 30 行：创建显示类 Display 的对象 display。

第 31 行：用显示类 Display 的对象 display 调用 welcome() 函数。

第 8~11 行：显示学生成绩管理系统菜单。

第 33~37 行：系统要求正确输入带 .db 后缀的数据库名。

第 41 行：连接数据库并定义变量 cn 作为传递参数。

第 47 行：进入无限循环。

第 48 行：调用主菜单。

第 18~26 行：显示主菜单界面。

第 49 行：进入异常处理。

第 50 行：在主菜单中进行选择。

第 51 行：若选择错误则抛出异常。

第 52 行：提示重新输入数字选项。

第 53 行：继续循环。

第 57 行：如果选择 m==2，进入管理学生信息分菜单。

第 58 行：调用管理学生信息文件的主菜单。

管理学生信息文件 manage.py

第 327 行和第 328 行：进入 def main() 主函数。

第 329 行：进入无限循环。

第 332 行：创建显示类对象 display。

第 333 行：调用 main_show() 函数。

第 23 行：进入 main_show() 函数。

第 24 行：以"管理学生信息"为实参调用 prefix() 函数。

第 18~21 行：显示"管理学生信息菜单"。

第 25~29 行：显示管理学生信息菜单选项。

第 334 行：进入异常处理。

第 335 行：在"管理学生信息菜单"中进行选择。

第 336 行：若选择错误则抛出异常。

第 337 行：提示重新输入数字选项。

第 338 行：继续循环。

第 343 行：如果选择 m2==3，进入修改学生信息子菜单。

第 344 行：调用 modify_stu(cn) 函数。

第 311~317 行：用 display 调用 modify_show() 函数。

第 37 行：进入 modify_show(self) 函数。

第 38 行：以"修改"为实参调用 prefix() 函数。

第 18~21 行：显示"修改菜单"。

第 39~41 行：显示"修改菜单"中的选项。

第 318 行：在"修改菜单"中进行选择。

第 319 行和第 320 行：如果选择 m23== '1'，调用 modify_one_stu(cn) 函数。

第 257 行：进入 modify_one_stu(cn) 函数。

第 259 行：创建显示类对象 display。

第 262 行：进入无限循环。

第 263 行：要求输入学号并赋予 sno。

转到基础文件 basics.py

第 20 行：进入 judge_comment 函数，其中的参数与 manage.py 文件第 264 行的参数对应，'Students' 对应 table_name，'Sname' 对应 want，'Sno' 对应 sel，sno 对应 sinfo。

第 21~24 行：判断 'want' 的信息是否存在，若存在则返回 count，若不存在则 count 等于 0。

第 25 行：执行 SQL 并将查询结果赋予变量 cursor。

第 26 行：定义变量 count 并赋初值为 0。

第 27 行和第 28 行：通过循环读取输入的学号 2020010206。

第 29 行：将读取到的学号 2020010206 并返回。

转回管理学生信息文件 manage.py 第 65 行

第 68~75 行：若返回的学号 2020010206 已存在，按学号删除信息。

第 265~269 行：若返回的学号不存在，跳出从第 262 行开始的循环。

第 271 行：进入新的无限循环。

第 274 行：调用 modify_one_show() 函数。

第 43 行：进入 def modify_one_show(self) 函数。

第 44 行：以"修改这个学生的"为实参调用 prefix() 函数。

第 18~21 行：显示修改子菜单。

第 45~53 行：显示"修改这个学生的菜单"。

第 275 行：进入异常处理。

第 276 行：在"修改这个学生的菜单"中进行选择。

第 277 行：若选择错误则抛出异常。

第 278 行：提示重新输入数字选项。

第 279 行：继续循环。

第 304 行和第 305 行：如果选择 m231==7，调用 modify_score(cn, sno) 函数。

第 103 行：进入 modify_score(cn, sno) 函数。

第 104 行和第 110 行：修改成绩，显示原来的成绩。

第 111 行：执行 SQL 并将查询结果赋予变量 dstu。

第 112 行：通过循环读取学号 2020010206 的原来成绩。

第 113~115 行：显示原来成绩。

第 116 行：进入无限循环。

第 117 行：输入需要修改成绩的课程号。

第 118 行：输入课程开设的学年。

第 119 行：输入课程开设的学期。

第 120 行和第 121 行：输入后转化为：score = input(" 请输入 2020 学年第 1 学期的 04 号学科的成绩:" 输入 80)。

第 122~125 行：修改成绩的 SQL 语句，将参数传入后转化为：sql = '''UPDATE Scores SET Racademicyear =2020, Rterm = 1, Score = 80 WHERE Sno =2020010206 and Cno = 04，表示将学号为 2020010206 的 2020 学年第 1 学期 04 号学科的成绩修改为 80。

第 126 行：执行 SQL 并将修改结果赋予变量 dstu。

第 127~133 行：执行 SQL 并将查询结果赋予变量 dstu。

第 134 行：循环读取。

第 135 行和第 136 行：输出修改后的成绩。

第 137 行：屏幕显示修改成功。

第 138 行：提交修改和查询显示后来成绩事务。

第 139~142 行：询问是否继续修改成绩。

第 143 行：输入 N 之后返回第 305 行。

修改成绩的屏幕显示如下：

```
请输入选项：7
原来的成绩：
选课学年：2020        选课学期：1      课程号01  成绩：90
选课学年：2020        选课学期：1      课程号04  成绩：86
选课学年：2020        选课学期：1      课程号02  成绩：85
选课学年：2020        选课学期：1      课程号03  成绩：82

请输入课程号：04

输入你想增加或修改的学年：2020
输入你想增加或修改的学期：1
请输入2020学年第1学期的04号学科的成绩：80
修改后的成绩：
选课学年：2020        选课学期：1      课程号01  成绩：90
选课学年：2020        选课学期：1      课程号02  成绩：85
选课学年：2020        选课学期：1      课程号03  成绩：82
选课学年：2020        选课学期：1      课程号04  成绩：80

修改成功！
```

返回后继续循环。

第 306 行：输入 0，返回"修改菜单"。在修改菜单输入 0，返回"管理学生信息菜单"。在"管理学生信息菜单"输入 0，返回主菜单。

第 60 行和第 61 行：如果 m == 0，询问是否退出。

第 62 行和第 63 行：输入 Y 后，调用 thank() 函数。

第 13~16 行：进入 thank() 函数，显示"感谢您的使用！"。

第 64 行：返回主菜单。

第 65 行和第 66 行：如果输入错误，要求重新输入选项数字。

第 68 行：关闭数据库。

14.3　软件开发展望

软件开发的一般过程分为 6 个阶段。

第一阶段为计划的可行性设想和研究：确定该软件的开发目标和要求，分析计划的可行性并制订开发计划，编写相关文件。

第二阶段为对开发项目的需求分析：确定要解决的问题，建立软件的逻辑模型，编写需求规格的说明文档。

第三阶段为设计：将软件分解能实现某项功能的模块，编写数据和程序说明。

第四阶段为实现：根据软件设计方案，编写代码，初步完成应用程序。

第五阶段为测试：发现软件中的问题，从而修改代码，完善应用程序。

第六阶段为运行和维护：根据运行和需求的实际情况，不断维护和完善软件。

对比起来，我们在前面设计的多表学生成绩管理系统已经具备软件设计的雏形，但还有较大差距。特别是缺少图形用户界面，这是最大的一个缺陷。

在目前的软件设计过程中，图形用户界面（GUI）的设计相当重要，美观、易用的用户界面能够在很大程度上提高软件的使用量，因此许多软件都在用户界面上倾注了大量的精力。

Python 语言本身没有图形用户界面设计工具，但可以添加第三方图形用户界面设计工具，而且可以很好地融合，所以 Python 获得了"胶水语言"的美誉。

但是，Python 语言不像 VB 语言那样，可以直接使用系统自带的窗体控件，它必须与其他窗体控件工具软件相结合。

Python 最初是作为一门脚本语言开发的，并不具备 GUI 功能，但由于其本身具有良好的可扩展性，能够不断地通过 C/C++ 模块进行功能性扩展，因此目前已经有相当多的 GUI 控件集可以在 Python 中使用，Qt 库是目前最强大的 GUI 库之一。

在 Python 中经常使用的 GUI 控件集有很多，其中 PyQt、thinter、wxPython 等较为有名。能跟 Python 语言结合得比较好的是 Qt，两者融合就是 PyQt。PyQt 正受到越来越多的 Python 程序员的喜爱，这是因为 PyQt 具有如下优秀的特性。

❑ 基于高性能的 Qt 的 GUI 控件集。

❑ 能够跨平台运行在 Windows、Linux 和 Mac OS 等系统上。

❑ 使用信号 / 槽（signal/slot）机制进行通信。

❑ 对 Qt 库完全封装。

❑ 可以使用 Qt 成熟的 IDE（如 Qt Designer）进行 GUI 设计，并自动生成可执行的 Python 代码。

❑ 提供了一整套种类繁多的窗口控件。

现在 PyQt 的最新版本是 PyQt5。

下面通过一个实例用 PyQt5 来对"通讯录"进行操作。

源程序如下：

```python
import sys
from PyQt5.QtCore import *
from PyQt5.QtGui import *
from PyQt5.QtWidgets import *
from PyQt5.QtSql import QSqlDatabase, QSqlTableModel
from PyQt5.QtCore import Qt

def initializeModel(model):
    model.setTable('people')
    model.setEditStrategy(QSqlTableModel.OnFieldChange)
    model.select()
    model.setHeaderData(0, Qt.Horizontal, "编号")
    model.setHeaderData(1, Qt.Horizontal, "姓名")
    model.setHeaderData(2, Qt.Horizontal, "性别")
    model.setHeaderData(3, Qt.Horizontal, "家庭地址")
    model.setHeaderData(4, Qt.Horizontal, "电话号码")
    model.setHeaderData(5, Qt.Horizontal, "QQ号")
    model.setHeaderData(6, Qt.Horizontal, "电子邮箱")
```

```
19
20   def createView(title, model):
21       view = QTableView()
22       view.setModel(model)
23       view.setWindowTitle(title)
24       return view
25
26   def addrow():
27       ret = model.insertRows(model.rowCount(), 1)
28       print('insertRows=%s' % str(ret))
29
30   def findrow(i):
31       delrow = i.row()
32       print('del row=%s' % str(delrow))
33
```

```
34  ▶  if __name__ == '__main__':
35       app = QApplication(sys.argv)
36       db = QSqlDatabase.addDatabase("QSQLITE")
37       db.setDatabaseName('./db/Txlgl.db')
38       model = QSqlTableModel()
39       delrow = -1
40       initializeModel(model)
41       viewl = createView("Table Model (View 1)", model)
42       viewl.clicked.connect(findrow)
43
44       dlg = QDialog()
45       layout = QVBoxLayout()
46       layout.addWidget(viewl)
47       addBtn = QPushButton("添加一行")
48       addBtn.clicked.connect(addrow)
49       layout.addWidget(addBtn)
```

```
50
51       delBtn = QPushButton("删除一行")
52       delBtn.clicked.connect(lambda: model.removeRow(viewl.currentIndex().row()))
53       layout.addWidget(delBtn)
54       dlg.setLayout(layout)
55       dlg.setWindowTitle("通讯录管理")
56       dlg.resize(960, 600)
57       dlg.show()
58       sys.exit(app.exec_())
```

程序运行结果如下：

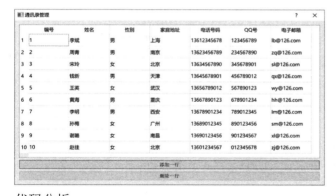

代码分析：

首先创建了一个只有一张名为 people 的数据表的数据库 xlgl.db，放在文件夹 db 中备用。

先说明几段代码的作用。

第 9~11 行：该程序的核心代码。

第 9 行：将数据表 prople 设置为输出数据表的模型（model）。

第 10 行：编辑策略设置为 QSqlTableModel.OnFieldChange（意思为表格模型 . 打开字段更改）。

第 11 行：完成模型的设置。

第 20~24 行：创建显示数据的数据表的函数 createView()。

第 21 行：创建窗口类 QTableView 的对象 view。

第 22 行：用 view 对象调用 model 模型。

第 23 行：设置窗口标题。

第 24 行：返回 view 对象的内容。

本程序除创建了一个数据表控件之外，还创建了两个按钮控件，它们是"增加一行"按钮和"删除一行"按钮。这里需要做两件事：一是要将 QTableView 对象 view 和 QPushButton 按钮控件添加到顶层对话窗口 QDialog 中；二是将添加按钮的 cliked 信号连接槽函数 addrow()。

第 44 行：创建对话窗口类的对象 dlg。

第 48 行：完成单击"添加一行"按钮 addBtn 的动作和设置在第 26~28 行的槽函数 addrow() 的连接。

程序的执行从第 34 行开始。

第 35 行：创建应用类对象 app，在最后关闭程序时使用。

第 36 行和第 37 行：使用 SQLite 数据库的驱动程序 QSQLITE 连接放置在 db 文件夹中名为 Txlgl 的 SQLite 数据库。

第 38 行：创建输出数据表模型 QSqlTableModel 类的对象 model。

第 40 行：调用 initializeModel(model) 函数，按数据表 people 的内容设置好数据表模型。

第 41 行和第 42 行：调用 crateView() 函数，设置模型内容和窗口标题。将设置结果返回到第 41 行调用处。调用单击按钮连接函数 findrow()，逐行添加空白行的内容。

第 44~49 行：添加"添加一行"按钮，其中调用了槽函数。

第 51~54 行：添加"删除一行"按钮，其中执行了单击按钮连接函数。

第 55 行：设置窗口标题为"通讯录管理"。

第 56 行：设置窗口大小为长 960 像素、高 600 像素。

第 57 行：显示窗口。

第 58 行：退出程序。

如果我们能使用窗体和控件，带 GUI 的学生成绩管理系统一定会更像信息管理软件。但这样将增大课程的学习难度，超出本书的教学要求，权当是一个展望的方向吧。

附录 A

ASCII 码字符集

ASCII 码	字 符	ASCII 码	字 符	ASCII 码	字 符	ASCII 码	字 符
0	NUL	32	Space	64	@	96	`
1	SOH	33	!	65	A	97	a
2	STX	34	"	66	B	98	b
3	ETX	35	#	67	C	99	c
4	EOT	36	$	68	D	100	d
5	ENQ	37	%	69	E	101	e
6	ACK	38	&	70	F	102	f
7	BEL	39	'	71	G	103	g
8	BS	40	(	72	H	104	h
9	HT	41	)	73	I	105	i
10	LF	42	*	74	J	106	j
11	VT	43	+	75	K	107	k
12	FF	44	,	76	L	108	l
13	CR	45	–	77	M	109	m
14	SO	46	.	78	N	110	n
15	SI	47	/	79	O	111	o
16	DLE	48	0	80	P	112	p
17	DC1	49	1	81	Q	113	q
18	DC2	50	2	82	R	114	r
19	DC3	51	3	83	S	115	s
20	DC4	52	4	84	T	116	t
21	NAK	53	5	85	U	117	u
22	SYN	54	6	86	V	118	v
23	ETB	55	7	87	W	119	w
24	CAN	56	8	88	X	120	x
25	EM	57	9	89	Y	121	y
26	SUB	58	:	90	Z	122	z
27	ESC	59	;	91	[	123	{
28	FS	60	<	92	\	124		
29	GS	61	=	93	]	125	}
30	RS	62	>	94	^	126	~
31	US	63	?	95	_	127	del

注：表中 ASCII 码为 0 ~ 31 的字符为控制字符，ASCII 码为 32 ~ 127 的字符为打印字符。

Python 开发技术标准教程

附录 B

Python 的内置函数

函数类型		说 明
数学函数	abs()	返回数字的绝对值
	divmod()	将除数和余数运算结果进行结合
	sum()	求和计算
	round()	四舍五入
	pow()	计算任意 n 次方值
	min()	获取给定数的最小值
	max()	获取给定数的最大值
数据转换函数	hex()	十进制数转换成十六进制数
	oct()	十进制数转换成八进制数
	bin()	十进制数转换成二进制数
	int()	将字符串类型的数字转换成整型
	str()	将一个对象转换成字符串类型
	bool()	将指定的参数转换成布尔类型
	ord()	获取单个字符的 ASCII 码数值或 Unicode 数值
	float()	转换成浮点数
	tuple()	将列表转换成元组
	chr()	转换成一个整数并返回所对应的字符
	list()	将元组转换成列表
	repr()	将对象转换为解释器阅读形式
	complex()	转换指定的参数为复数形式
对象创建函数	dict()	创建一个字典对象
	open()	打开文件并返回文件对象
	bytearray()	创建并返回一个新字节数组
	frozenset()	创建并返回一个已冻结的集合
	range()	创建一个指定开始范围和结束范围的整数列表
	set()	创建一个无序不重复元素集合
对象属性操作函数	setattr()	设置对象的属性值
	property()	在新类中定义获取、设置、删除以及描述操作的属性实现函数
	vars()	以字典的方式返回对象的属性和属性值
	getattr()	返回对象的属性值
	hasattr()	判断对象是否包含指定的属性
	delattr()	删除对象属性
	id()	获取对象的内存地址
	eval()	执行一个字符串表达式并返回执行结果

函数类型	说　明
exec()	执行储存在字符串或文件中的 Python 语句
compile()	将字符串编译为字节代码
isinstance()	判断指定的对象实例是否与指定类型相同
staticmethod()	返回函数的静态方法
issubclass()	判断一个类是否为另一个类的子类
super()	一个实现调用父类的函数
callable()	检查一个对象是否能够被调用
type()	返回对象的类型
locals()	以字典类型返回一个对象的所有局部变量和变量值
globals()	以字典类型返回一个对象的所有全局变量和变量值
__import__()	动态加载类和函数
hash()	获取一个对象的哈希值
memoryview()	获取一个对象的内存查看对象
format()	格式化字符串
input()	接受用户输入并返回所输入的 string 类型数据
slice()	通过指定的切片位置和间隔创建一个切片对象
len()	返回一个对象的元素或项目个数
help()	查看函数或模块用途的帮助说明

对象属性操作函数 / 基本常用函数

自我检测题参考答案

第 1 章

一、单一选择题

1. C 2. A 3. D 4. B 5. D

二、填空题

1. PyCharm 是具有（智能）的（代码）编译器。

2. 在编写 Python 源程序时，在新建文件对话框中一定要选（Python File）项。

3. 在 PyCharm 中编写 Python 源程序时，当输入 pr 两字符后，下面会自动出现跟 pr 有关的命令等，这便是 PyCharm 的（智能提示）功能。用鼠标左键（双）击就可自动输入选中的命令。

4. PyCharm 的安装页面有（明亮）和（暗黑）两种模式。

5. 退出 PyCharm 时正确的操作方式是单击窗口右上角的（关闭）按钮，再单击对话框中的（Exit）按钮。

第 2 章

一、单一选择题

1. C 2. A 3. D 4. C 5. B

二、填空题

1. 在 Python 语言中，标识符只能由字母、数字和（下画线 _）组成，而且第一个不能是（数字）。

2. 在 Python 语言中，NAME、Name 及 name 是三个（不）同的标识符。

3. 在 Python 语言中，字符串属于（不可）变序列，在使用时单引号和双引号中的字符序列必须在（一）行上，而使用三引号的序列可以在（连续的多）行上。

4. 在 Python 语言中，x = y+6 写法的含义不是 y+6 的值（等于）x，而是将 y+6 的值（赋予）x。

5. 在 Python 语言中，移位运算的结果是向左移位使该数变（大），向右移位使该数变（小）。

第 3 章

一、单一选择题

1. C 2. A 3. C 4. D 5. B

二、填空题

1. 在 if…else 语句中，if 的译意是（如果），else 的译意是（否则）。

2. Python 语言被称为"最漂亮的编程语言"主要是因为语句的（缩进）有（严格）要求。

3. while 循环的循环控制条件取决于后面表达式的（逻辑值）的（真假）。

4. while 循环主要用于循环次数事先（不确定）的循环，for 循环主要用于循环次数事先（确定）的循环。

5. 当 range() 生成器表示为 range(1,5,2) 时，第 1 个数字代表（开始数字），第 2 个数字代表（结束数字），第 3 个数字代表（步长），取值结果应该是（1，3）。

第 4 章

一、单一选择题

1. B　2. A　3. D　4. C　5. D

二、填空题

1. 在序列中切片是获取指定元素形成一个新序列的做法之一，print(lem[1:5]) 可以切出的元素序列是第（二）元素至第（五）元素。

2. 在 Python 语言中，将两个序列相加需要相同的类型，此类型是指同为（序列），不是指元素的（数据类型）相同。

3. 在 Python 语言中，将一个序列乘以一个（正整数）之后，可以获得一个将原序列（重复）多次的新序列。

4. 在 Python 语言中，返回序列元素个数所采用的函数为（len），返回序列中最大元素所采用的函数为（max）。

5. 在 Python 语言中，用 in 检查某个元素存在于序列中反馈的结果用（True）表示，检查某个元素不存在于序列中反馈的结果用（False）表示。

第 5 章

一、单一选择题

1. B　2. D　3. A　4. D　5. C

二、填空题

1. 如果要从大到小排列列表元素，可以使用（reverse）方法实现。

2. 直接用列表对象的 append() 方法和用加号都可以实现列表的（连接），但前者运行速度要比后者更（快）。

3. 表达式 "[3] in [1,2,3,4]" 的值为（True）。

4. 编程用列表对象的 pop() 方法，可以将指定位置的元素从列表中（删除）并会将其（弹出）。

5. 有以下程序：

```
list_a=[1, 2, 1, 3]
nums = sorted(list_a)
```

```
for i in nums:
    print(i, end= "")
```
运行结果是（1123）。

第 6 章

一、单一选择题

1. C　2. D　3. B　4. A　5. B

二、填空题

1. 在 Python 语言中，字典和集合都是使用一对（大括号）作为界定符，字典的每个元素都是由"键"和"值"两部分组成，其中不可重复的是（键）。

2. 在 Python 语言中，使用字典对象的（items）方法可以返回字典的"键值对"，使用字典对象的（keys）方法可以返回字典的"键"，使用字典对象的（values）方法可以返回字典的"值"。

3. 字典和集合的定义方式相同，但它们最大的区别在于：集合中的元素（不可重复），只能是（固定）的数据类型。

4. 使用 fromkeys() 方法创建字典，执行下面代码后运行的结果为（{'weight':None, 'height':None}）。

```
pet_dict = dict.fromkeys(['weight', 'height'])
print(pet_dict)
```

5. 下面程序段的运行结果是（{1,2,3,4}）。

```
b_set = {2, 1, 3, 4, 1, 2}
print(b_set)
```

第 7 章

一、单一选择题

1. C　2. D　3. A　4. D　5. B

二、填空题

1. 在函数外部定义的变量称为（全局）变量，在函数内部定义的变量称为（局部）变量。

2. 在 Python 语言中，若希望函数能够处理比定义时更多的参数，可以在函数中使用（不定长）参数。*args 可以接收任意多个实参并将其放置一个（元组）中。

3. 用来引入模块的关键字是（import），在函数中调用另一个函数称为函数的（嵌套）调用。

4. 下面程序运行的结果是（7, 5）。

```
a = 3
b = 4
def fun(x, y):
    b=5
    print(x+y,b)
fun(a, b)
```

5. 下面程序运行的结果是（5，4）。

```
def fun(x)
    a = 3
    a += x
    return(a)
k = 2
m = 1
n = fun(k)
m = fun(m)
print(n, m)
```

第 8 章

一、单一选择题

1. D　2. A　3. B　4. D　5. C

二、填空题

1. 打开文件进行读写后，应调用（close）方法关闭文件。

2. readlines() 方法用于读取文件的所有（行），并返回一个（列表）。

3. 已知文件对象名为 file，将文件位置指针移到文件开始位置的第 10 个字符处，正确的语句为（file.seek(10)）。

4. 同一段程序可能不止一种异常，可以设置多个（except）子句，一旦代码抛出异常，首先执行与之匹配的是第（1）个。

5. else 子句必须放在所有（except）子句之后，该子句在（try）子句没有发生任何异常时执行。

第 9 章

一、单一选择题

1. C　2. A　3. C　4. D　5. A

二、填空题

1. 在 Python 语言中，可以用（class）关键字来声明一个类。

2. 类的成员有两种，一种是（实例）成员，另一种是（类）成员。

3. 类的方法是类所拥有的方法，至少有一个名为（self）的参数，而且必须是方法的第（一）参数。

4. 创建类的对象的语法格式是（对象名 = 类名 ()），无论是类成员还是实例成员都要通过访问符（.）的方式进行访问。

5. Python 语言与很多面向对象程序设计语言不同之处在于可以（动态）地为类和对象增加成员，这是 Python（动态）型特点的重要体现。

第 10 章

一、单一选择题

1. A　2. C　3. D　4. B　5. C

二、填空题

1. 在继承关系中，已有的、被设计好的类称为（父）类，新设计的类称为（子）类
2. 父类的（私有）属性和方法是不能被子类继承的，更不能被子类（访问）。
3. 如果需要在子类中调用父类的方法时，可以使用内置函数（super()）或通过（父类名 . 方法名）的方式来实现。
4. 子类想按照自己的方式实现方法，需要（重写）从父类（继承）的方法。
5. 实现类的多态性的基础是（继承）和（方法重写）。